纽约

一座超级城市
是如何运转的

〔美〕凯特·阿歇尔 著　潘文捷 译

南海出版公司

新经典文化股份有限公司
www.readinglife.com
出　品

献给丽贝卡和纳撒尼尔

全世界数亿人 居住在伦敦、圣保罗、上海、纽约这些超级城市中，每日去这些城市工作的人也多达数亿。城市中，街道上的车辆川流不息，码头间吞吐着成千上万吨货物。而在人们看不到的地方，有百万加仑的净水流经管道，同时又有百万加仑的废水被静静排出。同时，住宅和商业楼消耗着大量电力，百万千兆的数据在通信线路中涌流。

任何一个大都市的居民都很少停下来思考城市生活的复杂性，或者是那些日日夜夜使城市维持正常运转的系统有多复杂。他们早上起床后打开水龙头、开灯、上厕所或者吃根香蕉，却不知道为了维持这些最简单的日常生活，有多少人付出了多少努力。接下来的事情看似也很简单：人们扔垃圾、过街、坐地铁，但就连最普通的家务，都必须靠覆盖广泛、结构复杂，而且常常被人忽略的基础设施网络来支撑。

城市生活大抵如此，而纽约对基础设施依赖程度最高。纽约是一座垂直又水平的城市，其中电力最重要：没有了电，载客量最大的设施——地铁和电梯就无法正常运转。作为贸易之都，运载着成千上万吨货物的火车、货车、船只、飞机每天往返于港口与码头之间。作为世界城市人口最密集的地区之一，纽约对公共运输服务、统一输水系统、市内发电系统、世界上最大的中央蒸汽系统的依赖程度之高，让其他城市难以比肩。

维持纽约正常运转的基础设施覆盖极广、责任重大，因此成为研究城市运转的最佳样本。纽约基础服务完善，拥有下水道、发电厂、电信设备、供水系统、公路网络、铁路网络、海运系统——它们层层重叠，形成了或许是地球上最密集的基础设施群。研究维持纽约高速运转的设施系统，能让我们深入了解二十一世纪初的城市生活有趣而复杂的一面。

本书探讨了纽约城市基础设施中五个最有趣，却往往被人们忽视的方面：客运、货运、能源、通信、卫生。就像维持人体运转的基本系统一样，每一个系统都对城市的运转至关重要。正如解剖学中的理论，这些复杂的系统虽然彼此依赖，但我们分别对其进行研究效果更好。本书每章讲述一个系统，既是一个整体，也分小节强调了系统中最重要的组成部分。各章各节均由文本、图解与示例构成，希望带给读者完美且具有启发意义的阅读体验。

关于基础设施的话题浩如烟海，对于很多人来说也趣味无穷。本书尽全力选取最重要，并且对大多数读者来说比较陌生的话题，并采取最通俗易懂的方式讲解。

本书将列举大量事实，进行详尽分析，让读者明白相关事物的重要程度、事件的先后顺序以及彼此间的大致关系。作者尽一切努力，确保截至出版时，书中引用的数据准确。

目 录
CONTENT

第一章
客 运

　　纽约的每日通勤量高达数千万次。大多数人依赖地铁、巴士等公共交通，其余的人搭乘出租车、私家车及商用车。街道和公交路网让每个人安全、快速、无碍地抵达目的地，堪称当代都市的一项奇迹。

　　街道当然是运输系统中最重要的部分——没有交通信号和人行横道，城市生活会一片混乱。地铁也很重要，它能将地面人数保持在可控的范围。在这座由岛屿构成的城市中，作为道路延伸的桥梁和隧道，为了客运的顺利进行同样必不可少。

街道

街道

纽约是由街道构成的城市，约两万英里的街道和公路连接着五个行政区。其中高速公路仅有一千二百五十英里，其余的大多是主干道、次干道（七千三百英里）和地区街道（一万一千英里）。

街道看起来并不复杂，其实是基础设施的遮蔽和地基。它们保护着地下的公共设备和地铁系统，也为交通信号、停车标牌和停车计时器、街灯和下水道提供了安置平台。人行道同样重要，它们为行人服务，并且可安放公共电话、邮箱等便利设施，也可以种植作为城市植被的行道树。

我们如今见到的街道系统是纽约历史上最为复杂的，也是最为有序的。最早的街道集中在曼哈顿下城，非常狭窄，当时就经常拥堵。曼哈顿向北扩展后，通往北部居住区的道路开发看起来有些随意，大致是沿着原住民开的老路。其中很多道路是今天这些宽阔的南北走向的大道的前身。

街道第一次真正的系统化源于一八一一年曼哈顿的委员计划，也许正是这一事件造就了当今城市的格局。也称栅格规划。这一计划确定了街区和占地尺寸，并让曼哈顿街道成为规则的网格。这一计划的初衷是有序地推进不动产开发，并成功地实现了这一点，但有人认为它没能纾缓南北交通的重压，后来地铁的开通才解决了这一问题。

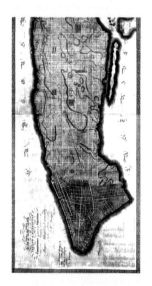

一八一一年委员计划

一八一一年，纽约市议会采纳了曼哈顿委员计划，亦称栅格规划，将原先无序的曼哈顿街道规定为棋盘式布局。东西向街道间隔较近（建筑线间宽度为六十英尺，约十八米）。相反，南北向街道间隔较大，也较宽（建筑线间宽度为一百英尺，约三十米）。

栅格规划实施近两个世纪之后，确保纽约交通顺畅成了日趋重要的议题。一九八二年至二○○○年间，纽约城市人口增长约百分之十，城市交通运输的里程也增长了约百分之四十五。二十年以前，平均每天的"高峰时段"约三小时二十四分钟；而如今，高峰时长每天有七至八小时，翻了一倍都不止。

城市交通管理措施中，汽车并不是唯一的重点，行人也一样重要，任何成功的交通体系都必须兼顾二者。纽约的四万个十字路口有一万一千四百架交通信号灯，但还远远不够，还需要停车规则、人行道、单行道，以及其他一系列创新举措——如设立公交专用道、货车专用道、"直通街道"及限制出入车道等。

纽约街道网

■ 高速公路
■ 主干道
■ 次干道

街 道

地区交通

　　纽约五大行政区街道上的很多车辆都来自城外。每天有一百一十万辆小汽车和卡车从新泽西、长岛、韦斯特切斯特等地驶经纽约。保证这些方向的车流在公路、桥梁、隧道和地方街道上正常行驶，是维持纽约客运正常运行的重要环节。

　　纽约运输部（DOT）主要负责市内街道与桥梁的运输，另有一些机构分别负责地区交通的其他部分，如港务局（跨哈德逊河的桥梁与隧道）、三区大桥与隧道管理局（韦拉扎诺海峡大桥、三区大桥、白石大桥、窄颈大桥等）、纽约州政府（所有州级公路）等。本地区的公共运输安全机构超过十六所，控制室超过一百间。

运输作业协调委员会工作截图

　　过去，机构间的协调，尤其在基础设施修缮方面的协调少而又少，因此每到周末，公众都不得不绕远道行驶。二十世纪八十年代中期，被誉为"运输联合国"的运输作业协调委员会（Transcom）成立后，情况发生了很大变化。委员会拥有十八所成员机构，监控三州交界处的路况，并在成员间共享在建工程、体育赛事及交通事故等方面的信息。委员会除了在交通广播中提供出行建议，还在地区公路沿线布置各式信息标牌，告知驾驶员何处可能耽搁时间以及如何避免，同时设置了二十四小时工作的控制室，处理当地的重大交通事故。

事故的解剖

　　纽约大都会区[1]发生重大事故时，对车辆和行人来说，最重要的机构之一便是运输作业协调委员会。委员会建立的初衷是在成员间分享道路建设信息、解决时间冲突，后来又设立了二十四小时运作的控制室，为处理当地重大事故建立沟通机制。它的理念很简单：有事故发生时，负责相关道路的运输部门忙于纾解事故，无暇通知临近区域，而委员会则填补了这一空白。

通知时间

上午 5:30 - 6:00

上午 6:00 - 7:00

上午 7:00

上午 7:00

随后，宾州、特拉华、马里兰和南泽西也接到了通知。通知指出，虽然大桥下层通往新泽西的车道也许很快恢复通行，但随后的事故调查、现场清理及建筑损坏调查将继续造成延误。

被通知单位： 新泽西运输公共事务、纽约渡轮、智能路线（波士顿）和地铁（普罗维登斯）。

---

① 纽约大都会区是美国最大的都会区，位于美国东部，以纽约市为中心，横跨纽约州、新泽西州、康乃狄克州及宾西法尼亚州，由城区及郊区组成。（本书注释无特殊说明均为编注）

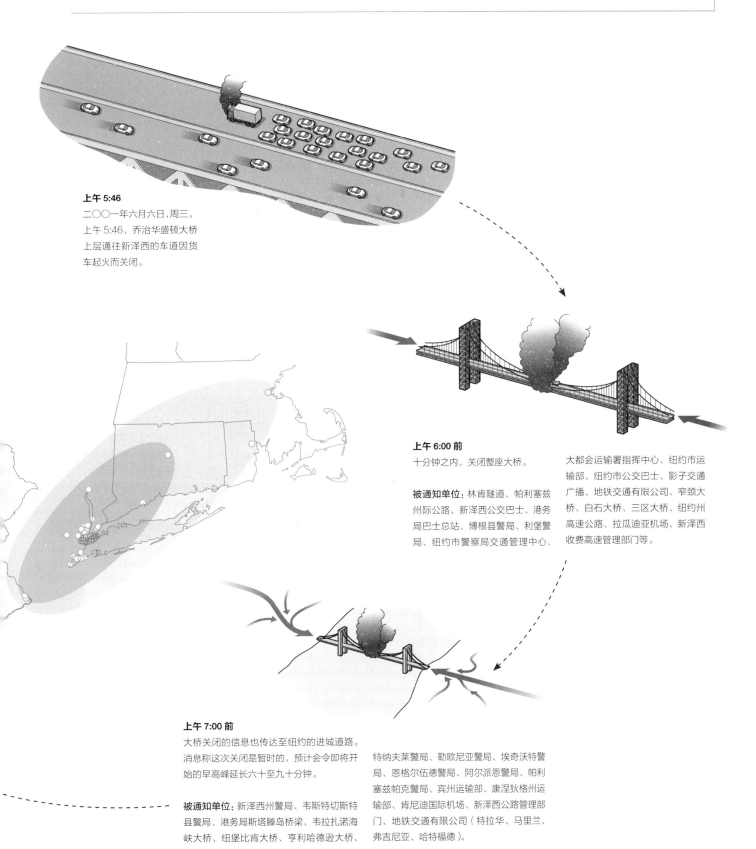

上午 5:46

二〇〇一年六月六日，周三，上午 5:46，乔治华盛顿大桥上层通往新泽西的车道因货车起火而关闭。

上午 6:00 前

十分钟之内，关闭整座大桥。

被通知单位：林肯隧道、帕利塞兹州际公路、新泽西公交巴士、港务局巴士总站、博根县警局、利堡警局、纽约市警察局交通管理中心、大都会运输署指挥中心、纽约市运输部、纽约市公交巴士、影子交通广播、地铁交通有限公司、窄颈大桥、白石大桥、三区大桥、纽约州高速公路、拉瓜迪亚机场、新泽西收费高速管理部门等。

上午 7:00 前

大桥关闭的信息也传达至纽约的进城道路。消息称这次关闭是暂时的，预计会令即将开始的早高峰延长六十至九十分钟。

被通知单位：新泽西州警局、韦斯特切斯特县警局、港务局斯塔滕岛桥梁、韦拉扎诺海峡大桥、纽堡比肯大桥、亨利哈德逊大桥、特纳夫莱警局、勒欧尼亚警局、埃奇沃特警局、恩格尔伍德警局、阿尔派恩警局、帕利塞兹帕克警局、宾州运输部、康涅狄格州运输部、肯尼迪国际机场、新泽西公路管理部门、地铁交通有限公司（特拉华、马里兰、弗吉尼亚、哈特福德）。

街道

交通信号灯

纽约市到处都是交通信号灯，准确地说有一万一千四百架。和很多人认为的不同，交通信号灯的目的不是限速，它们的首要目的是控制十字路口的优先通过权，因此它们对城市环境下行人与车辆的共存至关重要。和大多数传统交通灯一样，纽约的交通灯也有两个相位：东西向和南北向。依照当地交通情况，它们的间隔时间一般为六十、九十或一百二十秒，有时甚至更长。纽约周期最长的交通灯位于西区公路和皇后大道，间隔长达两分十五秒。

如果你曾经完整地走过哥伦布大道或阿姆斯特丹大道，一定知道纽约主要道路的交通灯是按顺序设置的：它们以六秒的间隔依次变绿。（车辆的理想时速为每小时三十英里，也正是限速的数值。）但在公园大道等双行道路，所有交通灯会同时变绿。

这些交通灯由纽约市运输部位于长岛的交通管理中心（TMC）统一设置，或由运输部员工手工操作。交管中心在路面下方安置了与交通灯连接的同轴电缆，可以根据每日的交通量来改变红绿灯的时长。早高峰时段，进入曼哈顿路段的绿灯时间较长，以方便车辆入城；晚高峰则相反。在有游行、球赛等活动，以及出现交通事故或水管爆裂等突发事件时，也需要对交通灯做出调整。

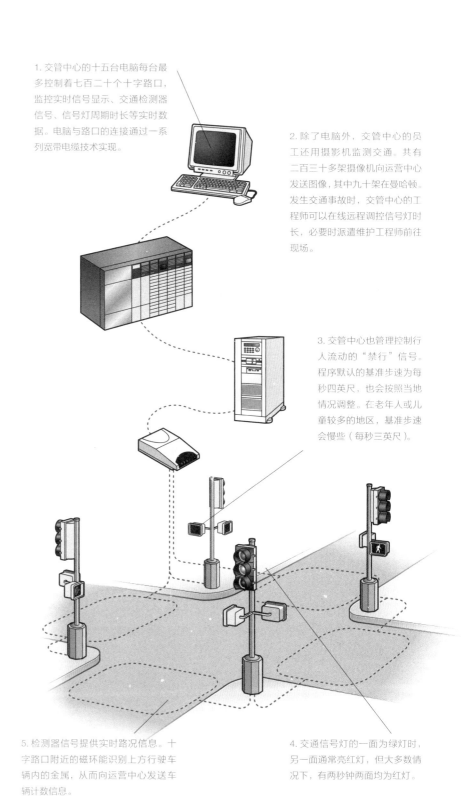

1. 交管中心的十五台电脑每台最多控制着七百二十个十字路口，监控实时信号显示、交通检测器信号、信号灯周期时长等实时数据。电脑与路口的连接通过一系列宽带电缆技术实现。

2. 除了电脑外，交管中心的员工还用摄影机监测交通。共有二百三十多架摄像机向运营中心发送图像，其中九十架在曼哈顿。发生交通事故时，交管中心的工程师可以在线远程调控信号灯时长，必要时派遣维护工程师前往现场。

3. 交管中心也管理控制行人流动的"禁行"信号。程序默认的基准步速为每秒四英尺，也会按照当地情况调整。在老年人或儿童较多的地区，基准步速会慢些（每秒三英尺）。

5. 检测器信号提供实时路况信息。十字路口附近的磁环能识别上方行驶车辆内的金属，从而向运营中心发送车辆计数信息。

4. 交通信号灯的一面为绿灯时，另一面通常亮红灯，但大多数情况下，有两秒钟两面均为红灯。

交通灯按钮

交管中心不直接控制的五千架交通信号灯大多安置在十字路口附近的灯箱里。尽管没有人们想象的那么多，但其中一些信号灯依然由附近栏杆上的按钮控制，至少有部分受其控制。交通工程师称之为"半驱动信号灯"。它们于一九六四年首次出现在纽约，设置在主车道和小路的交接处，平时大道上车流自由行动，小路有车辆或者行人时，传感器指示大道车辆让行。

纽约市目前还有约三千二百五十个这样的按钮，但真正能用的不到四分之一。拆除无效按钮的成本很高（每个约四百美元），所以它们还留在原处——它们象征着人对机器的控制，这是很多纽约人希望看到的。

独立相位

为解决汽车和行人的出行矛盾，二〇〇二年秋天，曼哈顿部分地区的交通信号灯采用了独立相位。二〇〇四年，纽约全面采用了独立相位。如下图所示，独立相位将交通信号分为三个独立的部分，为行人提供安全的过街时间，免受转弯车辆干扰。

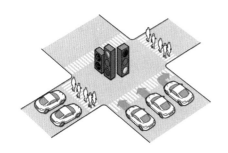

第一相位，大街上的车辆和行人通行。岔路的车辆和行人停止。

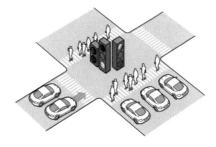

第二相位，大街上交通停止，岔路直行车辆前行，转弯车辆禁止通行。过街行人可以通行。

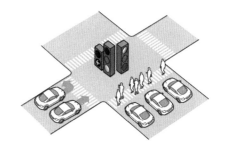

第三相位，岔路直行与转弯车辆均可前行；车辆不可转弯方向的人行道上，行人可以继续行走。

街 道

电子警察

为了监控城市交通，纽约运输部在主要十字路口、公路、桥梁设置了电子警察。许多摄像头的作用只是让交通工程师观察并调整信号灯的时间。有些摄像头则用于拍摄违章车辆。比如城市的五十个主要十字路口就设置了"闯红灯摄像机"，拍摄闯红灯车辆的高清照片及其车牌特写。违章车主会收到传票和车牌照片。

纽约是美国第一个对闯红灯行为执法的大城市。自一九九三年开始，纽约的五个大区发出了超过一千四百万张闯红灯传票。只有少数人对传票提出质疑，其中误罚少之又少。

这一举措达到了预期效果，研究表明，有电子警察的十字路口，汽车违章总数减少了百分之四十。城市交通规划部门计划将电子警察引入其他地区。另有二百处设置假摄像头，能发出以假乱真的电子闪光。

电子警察所在地

★ 曼哈顿麦迪逊和东 79 街

★ 皇后区范达姆大街西向 I - 495 辅路

★ 曼哈顿公园大道和东 30 街

★ 布鲁克林金斯高速和雷姆森大道

★ 皇后区山坡大道东向 I - 678 辅路

★ 皇后区 130 街和 20 大道

★ 布鲁克林拉特兰和尤蒂卡大道

★ 布鲁克林 Z 大道和康尼岛大道

○ 照相机

＋ 摄像机

★ 违章高发地点

闯红灯摄像机工作原理

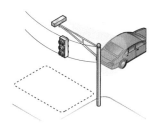

闯红灯摄像机与交通信号灯及两个埋在人行横道或停车线下的传感器相连。如果红灯亮后车辆只激活一个传感器，电脑就知道车在路口前停下了；如果激活两个传感器，电脑则会拍下车辆驶入路口的电子照片。

电脑计算行车速度，然后在车辆到达路口中央时拍下第二张照片。摄像机记录日期、时间、速度以及红灯已亮起几秒。

将违章车牌与机动车管理部的数据进行对比，确保车牌与记录吻合。将数据打印后移交至市财政部，违章车主也会收到传票邮件。

电子或照片证据会在网上储存一段时间，以应对车主的质疑。

直通街道项目

曼哈顿中城的车速之慢世界闻名——东向平均 4.8 英里／小时，西向平均 4.2 英里／小时。除了车辆太多，还有诸多原因，如行人众多、违章停车、施工活动、货车装车等。

为了改善中城路况，二〇〇二年秋天，纽约运输部指定部分街道为"直通街道"。早十点至晚六点期间，第三到第六大道（公园大道除外）的汽车不允许向或从五组街道转弯（36/37、45/46、49/50、53/54、59/60 街）。邻近街道则专门用作局部环行和商品运输。这些邻近街道的两边（而不是一边）都设有路缘，以辅助交通。

行车速度

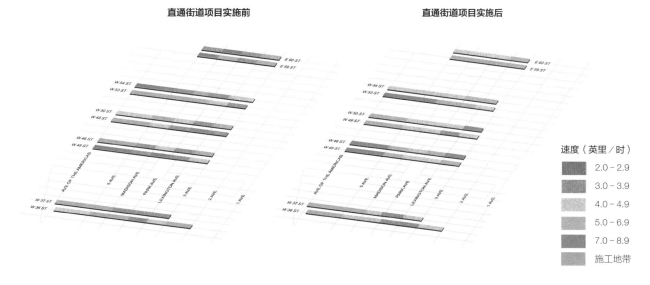

直通街道项目实施前　　　　　　**直通街道项目实施后**

速度（英里／时）

- 2.0 - 2.9
- 3.0 - 3.9
- 4.0 - 4.9
- 5.0 - 6.9
- 7.0 - 8.9
- 施工地带

街道

交通压力缓解措施

　　直通街道和独立相位信号灯是纽约运输部缓解交通压力的两大新式武器。相比之下，交通信号灯和停车标志则年代久远。其他措施，如在堵塞地段部署警力需耗费人力，安置防撞护栏是短期举措，只为正在进行的修缮或建筑工程提供保护或辅助作用。

　　除了这些，常见的旨在降低车速或辅助行人的交通压力缓解措施有十余种。

延展路缘： 缩窄街道，拓宽人行道。

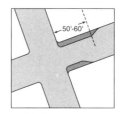

公交半岛： 拓宽公交车站旁边的人行道，使公交车在上下乘客时不必离开行车道。

缩窄路面： 拓宽人行道，或用地面标识指示车道变窄。

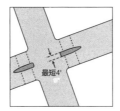

行人避车岛： 双向车道中央设置安全岛，方便行人分批过街。

自行车道： 设置在路缘或泊车位旁边时，至少五英尺宽。

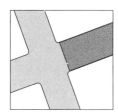

有色或粗糙路面： 突出人行道。

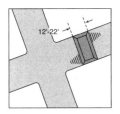

减速垫： 约三四英寸高，有圆形、抛物线形、平顶等形状。

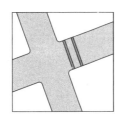

抬高人行道： 高出路面二至四英寸，设置在十字路口或街道中央。

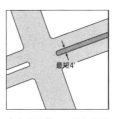

中央分隔带： 一般在街道正中，高于路面。

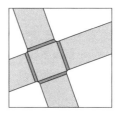

抬高路口： 将十字路口所在的平面抬高，一般表面粗糙。

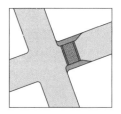

入口处理： 用一系列措施，如用粗糙或抬高的路面来标记某区域的入口。

减速弯道： 在街道两边增建路缘线。

部分分流岛： 阻塞十字路口某一方向的交通。

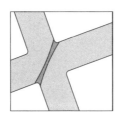

对角分流岛： 迫使全部车辆向某一方向转弯。

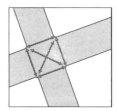

行人专用相位： 路口均亮红灯，确保行人过街安全。

行人信号早释： 行人绿灯比机动车绿灯早启。

1　图中单位为英尺。

缓解皇后大道交通压力

皇后大道有十二条车道，是纽约最宽、最繁忙也最危险的街道之一。光是一九九九年至二〇〇〇年间，就有五十多人在此处死亡。为了提高安全水平，二〇〇〇年，纽约运输部对皇后大道（长岛公路与联合大道之间的部分）进行了安全改造。行人死亡率从二十世纪九十年代的年均九人降低到二〇〇五年的两人和二〇〇六年的三人。

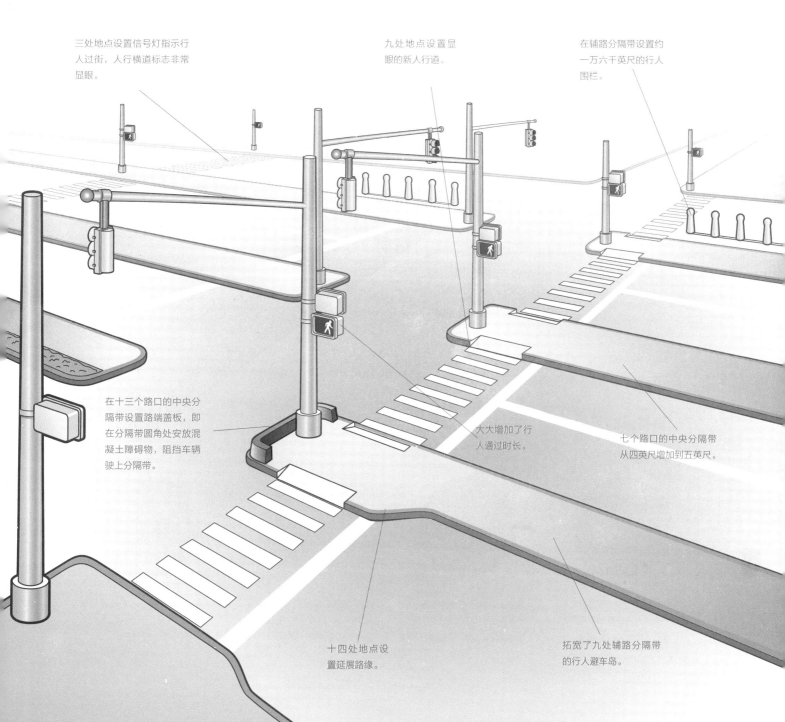

三处地点设置信号灯指示行人过街，人行横道标志非常显眼。

九处地点设置显眼的新人行道。

在辅路分隔带设置约一万六千英尺的行人围栏。

在十三个路口的中央分隔带设置路端盖板，即在分隔带圆角处安放混凝土障碍物，阻挡车辆驶上分隔带。

大大增加了行人通过时长。

七个路口的中央分隔带从四英尺增加到五英尺。

十四处地点设置延展路缘。

拓宽了九处辅路分隔带的行人避车岛。

街道

路面

　　纽约作为高度多元化的城市，其街道就材料而言却相当统一。城市街道大多用混凝土打底，上覆两层沥青，也有一些全是混凝土。几乎所有路面都中间微高，这样水可以顺利流入街角的下水道。人行道主要由混凝土和钢贴面路缘组成，在一些历史悠久的地区或著名的商厦附近，也有花岗岩和蓝砂岩的特制路缘。

　　用沥青铺路主要是二十世纪的现象。一八七二年以前，一般街道的铺路材料是各种各样的石块或者沙砾，后来炮台公园和第五大道率先使用沥青铺路。但到目前为止，纽约街道历史最悠久、最耐用的材料还是鹅卵石，两百年来，它一直是出类拔萃的铺路材料。

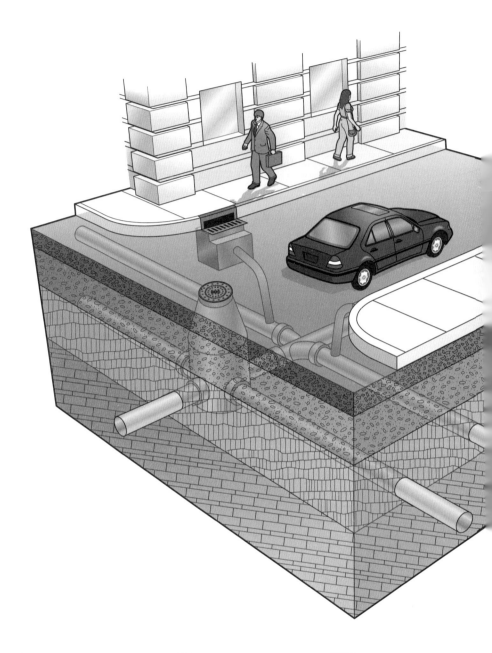

窨井盖的艺术

卡茨基尔的窨井盖是纽约上州供水系统第二阶段工程的一部分。

爱迪生联合电气的窨井盖一直是纽约市数量最多的，设计多样。

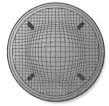

千禧年纪念版窨井盖"全球能源"，由爱迪生联合电气的凯瑞姆·瑞席设计。

里士满区（如今的斯塔滕岛）的井盖，于一八九八年纽约五区合并时制作。

城市街面下方

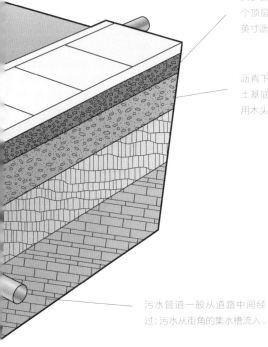

大多数纽约街道有两个顶层，各含两至三英寸沥青。

沥青下方通常是混凝土基底，但有时也使用木头或黏土。

污水管道一股从道路中间经过；污水从街角的集水槽流入。

石头的历史

纽约鹅卵石并不像大多数纽约人想象得那么古老。用小圆石头铺路的概念始于三百五十年前，但是今天我们脚下的鹅卵石路面只有一百五十年的历史。扁平的长方形比利时花岗岩则是在十九世纪三十年代作为船只的压舱石被带到纽约的。

今天，纽约市还有约三十六车道英里[1]的鹅卵石地面。其中一些街道，如伍斯特街、格林街、美世街以及 SOHO 区的邦德街都在历史保护区，佩里街和银行街则不属于历史保护区。由于鹅卵石价格为沥青的四倍，未在保护区的鹅卵石只能偶尔用同类替换，一般路面有洞时都用沥青或者其他石头填补。

---

[1] 车道英里这一单位对应"车道数量 × 英里"。

这种雪花纹饰的井盖可追溯至十九世纪晚期，用作电力窨井。

这种窨井盖可追溯到纽约公共工程部门时期。

这种窨井盖专为消防队设计。

首字母 RTS 意为"快速公交系统"，用于某些地铁窨井。

街 道

路面修缮

纽约市街道常年需要修缮,有时是一小处,有时则是整个路面。大多数路面问题源于冬季极寒天气和货运重荷,但有的只是因为年久失修。

各种路面问题使纽约运输部常年十分忙碌。路面凹坑较常见;其他问题还有沉陷、沟槽、小丘、积水、路面裸露或失败的路面切口、集水槽开裂等。问题不同,修缮措施也不同。如果是公用设施切口出问题,该设施的主管单位须负责修缮。如果路面问题太严重,运输部紧急修理组也无力解决,则先在彻底修复之前做暂时的安全修补。如果这些问题出现在十字路口和行车道上,会非常危险,必须及时修理。

街道和公用设施修护人员会在待修地段附近,用一套统一的符号来标出地下设施的类型和位置。街道上这些貌似随意的彩色标记实际上来源于一套成熟的维修专用语言:不同的颜色和形状用来指明维修范围以内或附近的设施管线。市属或私人维修队在修复前一般会用白颜料划定工地范围。

路面问题

积水,指水积聚在路面低处,原因是排水系统不畅和路面坡度不当。

沉陷,指路面出现深洞,周围有锯齿边缘。

窨井盖如果破裂、丢失或者高于及低于路面,会形成交通隐患。

旧设施切口,一般为正方形或长方形。如果修缮期未满三年,由承包商负责维修。

路面坑槽的形成

小丘，指路面因运输繁忙而形成的凸块，一般在繁忙的十字路口附近。

路面坑槽，指路表的沥青被磨去，露出底面——一般是土或者砂石。

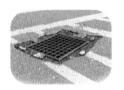

街道硬件如格栅等可能未与路面对齐，或是开裂，甚至丢失。

设施切口一般由能源或电信公司作业造成，他们通常会在沥青地面上做彩色标记。

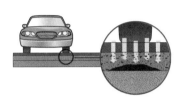

寒冷天气，路面的水结冰扩散，破坏了道路表面和下层的沥青。

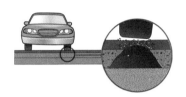

冰块融化，留下裂口，水软化裂口。软化的沥青在行车的压力下破碎。

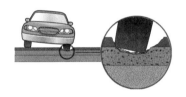

碎块散开，路面留下坑槽。

纽约的街道有多平坦?

为了衡量纽约街道的平坦程度，测试工程师开车走遍了长达六百七十英里的城市街道。车上的设备"组合测量仪"测量了路面的颠簸程度，涉及路面坑槽、放歪的窨井盖、修缮不当等因素。他们还利用激光技术，参考市民反馈，最终得出第一组可靠的纽约五区"平坦"指标。

平坦度得分
合格街区百分比

80% 及以上
70 – 79%
60 – 69%
50 – 59%

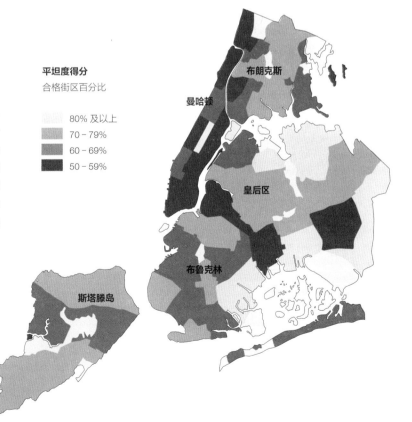

布朗克斯

曼哈顿

皇后区

布鲁克林

斯塔滕岛

街道

重建罗斯福路

　　曼哈顿东区在进行的罗斯福路重建工程是纽约市最宏大的修复工程之一。该路段的上下两层都要重建，预计于二〇〇七年完工①。为了使每天经由罗斯福路的十五万辆车顺利通过，东 54 街至东 63 街之间的河面上建立了临时道路。除了设立规模宏大的绕行路段，还有一套保护新路不受过往船只碰撞的防护系统。

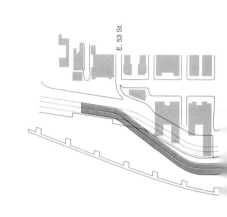

E. 53 St.

① 工程第一阶段，建成深入东河二十五英尺的绕行通道。通道是临时的，避免了一切对航道运输的限制以及对海洋生物的永久影响。

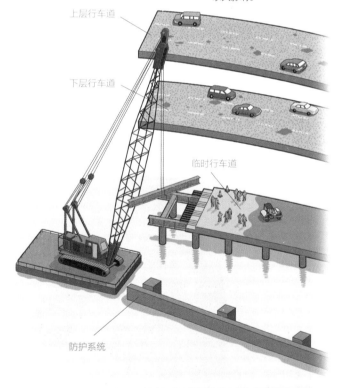

上层行车道

下层行车道

临时行车道

防护系统

② 绕行车道完工后，北向交通从下层的旧行车道迁移至河上方的临时行车道。南向交通则移至现有的下层公路。

① 若无特别说明，全文中的类似表达均说明原书出版时的情况。

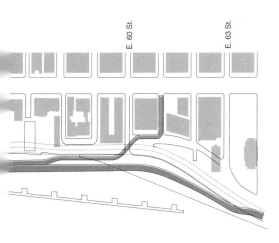

E. 60 St.

E. 63 St.

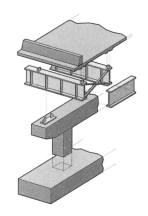

③ 工程第三阶段，南向交通迁移至刚经过加固的上层，下层工程启动。北向交通依然使用河上方的临时行车道。

临时绕行通道建立在河上方，由组合支柱、承座、加固材料、胸墙等支撑。

④ 重建工程的最后阶段，北向交通移至刚完成重建的下层，同时移除临时绕行通道及相关防护系统。

街道

人行道

　　对很多纽约人来说，人行道比街道本身还重要。城市中的人行道一般采用混凝土材料，也有特殊材料。人行道上数以百万计的行人、街道标志、停车计时器、树木、垃圾桶，都使街景有种鲜明的城市特色。

地窖门通向地下室，门朝外开，以防行人事故。

人行道一般为混凝土材料，也有花岗岩、砖块、石板、大理石、石灰岩、蓝砂岩、瓷砖等。"特别人行道"必须通过艺术委员会的美学测试，还要通过结构完整度、防滑性能方面的工程测试。

所有人行道横向从建筑红线至路缘有统一**坡度**，纵向上也须保持统一坡度。

路缘按要求应为五至七英寸深。一般材料是钢贴面混凝土，也可以是花岗岩。

人行道地窖

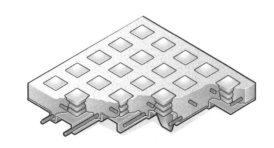

　　很多纽约人行道的地下建有地窖。过去，大多数地窖都被房主用来贮存物品（主要是煤炭）。虽然严格说来，地窖是城市的财产，受纽约运输部和建筑部管理，但现在有了更现代化的用途——住人、开派对、办公等。超出仓库功能的地窖需要加强支撑或更换原有的照明设施。地窖灯也叫人行道灯，主要是棱镜灯，用钢筋栅栏圈着，置于水泥地中。比起平板玻璃，棱镜更好，因为它能让光向更大的空间散射。人们一般会在不同角度安放多盏棱镜灯。所有照明设备必须符合纽约建筑部规定的负荷额定功率。

行人

控制行人流动是城市规划的重中之重。大多数十字路口会考虑行人过路的模式，并据此设置交通信号灯。总的来说，行人舒适度是根据人行道上人数及街角等待过路的人数来衡量的。人行道过于拥挤的地方可以采取一系列措施来缓解拥堵，如拓宽或加长人行道，增加信号灯时长，或者（在极端状况下）建造人行天桥。

行人交通评级

每个繁忙的十字路口，行人流量都有所区别。以曼哈顿林肯中心前的街道群为例。

● 服务等级 A：>130 平方英尺 / 行人
等级为 A 时，行人基本可以按自己的路线和速度行走，不用避让他人。行人间鲜有冲突。

● 服务等级 B：>40 平方英尺 / 行人
等级为 B 时，行人有充足的空间按照自己的速度行走、避让其他行人、防止冲突。行人会意识到他人的存在，并会为了避免冲撞而更改行走路线。

● 服务等级 F：<6 平方英尺 / 行人
等级为 F 时，所有人的速度都受限，会经常性地、无可避免地与其他行人接触。逆行或者穿行几乎不可能。这时候人流不像在前进，更像在排队。

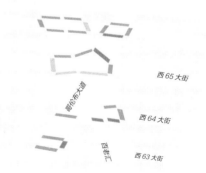

西 65 大街

哥伦布大道

西 64 大街

百老汇

西 63 大街

● 服务等级 C：>24 平方英尺 / 行人
等级为 C 时，行人拥有足够空间选择正常行走速度，越过同向行人。有逆行或穿行行为，会产生较小冲突，行人速度也会降低。

● 服务等级 E：>6 平方英尺 / 行人
等级为 E 时，几乎所有行人都无法以正常速度行走，并需要常常改变走路节奏。情况严重时，只能向前"挪动"。空间不足，行人只能慢速前进。

● 服务等级 D：>15 平方英尺 / 行人
等级为 D 时，行人速度和越过其他行人的行为受限。有逆行或穿行行为，产生冲突可能性较高，想避免冲突，需要常常变换速度和位置。

街 道

街道标志

纽约的街道标志数量繁多，也是城市交通管理的一大重要举措。标志指示人们何处转弯、何处不能转弯、何处可以泊车、能停多久、哪里可以搭乘公交、车速限制为多少等，当然也告诉行人和司机街道的名称。

纽约市街道上的标志数目超过一百万，主要是泊车标志和禁止停车标志。停车让行标志要让人一眼便能认出，

其他街道标志也必须有统一的形状、颜色、风格和含义。纽约市大多数标志产自皇后区马斯佩斯的纽约运输部标志作坊。

纽约市的标志制造商难得有机会发挥自己的创造性，最近一次是二〇〇二年曼哈顿中城的"直通街道"项目。经过再三研究，新标志采用了尚未全国通用的紫色。

街道标志是如何形成的

1 首先确定标志的含义。此处以直通街道为例。

2 制作标志设计图。

3 选择没有变形的大写字母，因为辨识度高。
为了让单词看起来更有动感，"thru"（直通）一词倾斜，左边划线。

4 选择颜色：
联邦交通守则中规定了不可使用的颜色。
通常用于指向标志的绿色成为备选。
珊瑚色和紫色在交通标志中都是没有特定含义的颜色。
紫色比较显眼，同时也是公路电子收费系统（E-Z Pass）的颜色，因此更有可取之处。

5 按照规定的尺寸和字体印刷文字信息。

6 纽约运输部选择街道走廊和街尾实施"直通街道"项目。

7 纽约运输部针对安放的具体位置提出建议：
在直通街道的入口和沿路安放。
同时建议放置转弯限制标志。建议在街角放置。
一旦最终确定，每个交叉路口都照此模式安装标志。

8 经区管理部门批准。

9 标志的具体信息被送往马斯佩斯的标志作坊。包括修改停车规则的标志在内，作坊共制作了约七百个标志。

数一数街道标志

纽约市的街道标志数目繁多，超过百万。有些标志是专为城市街道制作的，如管理路侧泊车的标志。

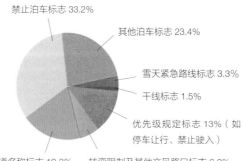

禁止泊车标志 33.2%
其他泊车标志 23.4%
雪天紧急路线标志 3.3%
干线标志 1.5%
优先级规定标志 13%（如停车让行、禁止驶入）
转弯限制及其他交叉路口标志 6.3%
街道名称标志 19.3%

纽约城中约有十三万个"优先级规定"标志，其中包括停车让行、单向箭头"禁止进入"等标志。

城市街道上有约三十三万两千个禁止停车标志。

10 对街标做出调整，如标出转弯车道和"直通"车道。修改停车规则。

11 相关部门安装支架。

12 由于不可能同时安装所有标志，先挂上的标志统一覆膜，项目正式启动时才揭开。

13 规划部门派工作人员调查并记录新规则的遵守情况，警局派人监控车辆的行驶状况。

14 根据情况微调，如允许车辆在公园大道转弯。为避免重新制作，尽可能使用覆盖物。

15 开始记录维修状况。标志的使用寿命约为十年。

≡ 直通街道
↑

下一转弯路段：
第三大道

10:00–18:00
周一 —— 周五

DEPT OF TRANSPORTATION

WALL ST

五大区有超过十九万个街道标志。

城中有二十三万四千个泊车规定标志。

城市各交叉路口有六万多个转弯指示及其他标志。

街道

两个世纪的街灯历史

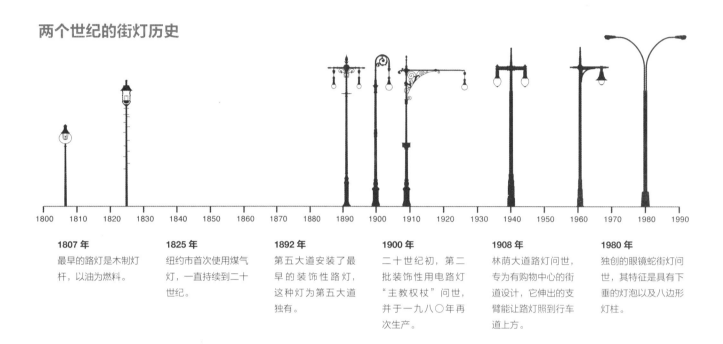

| 1800 | 1810 | 1820 | 1830 | 1840 | 1850 | 1860 | 1870 | 1880 | 1890 | 1900 | 1910 | 1920 | 1930 | 1940 | 1950 | 1960 | 1970 | 1980 | 1990 |

1807 年
最早的路灯是木制灯杆，以油为燃料。

1825 年
纽约市首次使用煤气灯，一直持续到二十世纪。

1892 年
第五大道安装了最早的装饰性路灯，这种灯为第五大道独有。

1900 年
二十世纪初，第二批装饰性用电路灯"主教权杖"问世，并于一九八〇年再次生产。

1908 年
林荫大道路灯问世，专为有购物中心的街道设计，它伸出的支臂能让路灯照到行车道上方。

1980 年
独创的眼镜蛇街灯问世，其特征是具有下垂的灯泡以及八边形灯柱。

街灯

电灯将煤气灯挤出历史舞台一世纪之后，纽约市的街头巷尾都布满了街灯——它们的总数超过三十三万个，有三十五至四十种。

其中的标准类型是眼镜蛇街灯，其特征是照明部分与眼镜蛇头部极其相似。它现身于二十世纪五十年代[1]，设计是纯功能性的，所以叫好的人也相对较少。其他更受大众喜爱的街灯造型约有三十种，它们的数量较少，名称也很奇特，如主教权杖、倒挂卷轴、里拉琴等。

无论古式还是新式，街灯都是笔大生意。纽约市每年向爱迪生联合电气支付的照明费用约为五千万美元，这笔钱的大头流向了供电的纽约能源部门。居民区照明电压为一百一十伏，商业区——有些商业区自行购买及维护本区街灯——电压为二百二十伏。

未来街灯

二〇〇四年二月，纽约市设计建筑部与纽约运输部联合举办了城市路灯设计大赛。来自二十四个国家的二百零一项设计被提交给了由一流建筑师、工程师和公务员组成的评委会。二〇〇四年十月，比赛结果公布。托马斯·费福及其合伙人提交的方案获胜。新路灯将应用于纽约市内各大街道、人行道和公园。

---

[1]原文中即如此，疑有误。

停车计时器

停车计时器的角色有点像交警，它规定宝贵的路边空间可以给谁用、用多久。它们是纽约市的一大财政收入来源。纽约运输部计时器采集部门拥有六万六千部停车计时器，每年能获得总计七千万美元的收入。有些地方用市政收费器代替停车计时器，它发行停车票，且要求车主将票放在汽车仪表盘上。不过，在可预见的未来，停车计时器那熟悉的灰色盒子并不会退出纽约人的视线。

单侧停车制度

并非在所有地方停车都要花钱，在住宅区，只要你能幸运地找到停车位，一般不用付钱。但在很多地方，即使能免费停车，情况也比较复杂。因单侧停车制度所限，街道每两三天就必须空出一侧，以便清扫。这一制度始于二十世纪五十年代的下东区，为的是方便新式清道机的运作。现在，纽约共有一万英里城市街道采用这一制度。

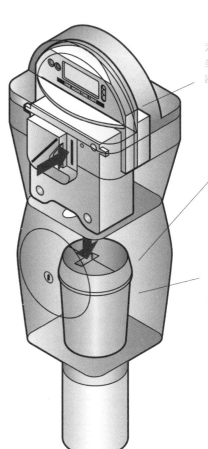

为避免有人质疑计时器的精确度，大多数计时器给时稍长。新的机械计时器每小时可能多给出一至九分钟。

计时器收到的硬币都会进入其"金库"中的硬币盒里。打开"金库"和里面的硬币盒需要不同的钥匙。

由于硬币盒的大小和硬币的种类不同，每个计时器能贮存三十至六十美元不等。

纽约街头有约六万六千台停车计时器，纽约运输部计时器采集部门的职责便是收集每一台机器里的硬币，每二十四小时至少收一次。为了完成这一任务，收集人员会使用"铁盒子"小推车。收集人员由现场主管进行监督，确保收集工作严格遵照了流程。

街道

行道树

俯瞰纽约的任何一条街道，一片钢筋水泥中都至少有几棵树探出头来。最新统计数据显示，纽约市约有二百五十万棵树，其中约五十万棵为行道树（其他树木则生长在公园中或者建筑的后院里）。

在城市中维持绿意不是件简单的事。除了常见的病虫害，行道树还可能遭到故意破坏、犬害或是被忽视，整体生长环境也不容乐观。但它们依然是城市景观的重要组成部分，为人行道遮荫增色，还能净化空气、节约能源、为房产增值。

养护行道树是极少数市民能够亲自参与的市政服务内容之一。纽约人只要完成"纽约树"部门提供的十二小时"市民园艺"课程，就可以协助维护树木。课程内容涵盖树木生物学与树种鉴别、害虫、树枝整修、树坑养护等主题。

行道树不能为个人所有（所有种植于城市公共事业用地的树木一年后均归城市所有），但私人可以种植行道树，具体有以下几种方法：

1. 填写行道树申请表，等待答复。

该服务不收费，但园林部可能两年后才能种好你申请的树。

2. 前往园林部一站式树木商店。

你为树木及其种植付费，但由园林部的员工选树、种树、照料树木。

3. 自己种植。

这需要区森林办公室的批准，并且得在许可的树种中挑选，种植时还须接受审查。如果要挖新树坑，需要运输部批准，并严格遵守相关标准。

纽约树木地图

纽约行道树样本

花楸树是一种开白花的小树。

日本樱花树是一种形态偏圆的小型树木，在草坪上种植效果最佳。

水榆花楸是一种开白花的窄小树木。

日本丁香，树冠为圆锥形，开白花。

鹅耳枥，生长缓慢，树冠呈圆锥形。

榔榆，叶片紫色，易受亚洲天牛虫害。

红枫树，中等高度，形态偏圆。

落羽杉，有圆锥形树冠，高度可超过五十英尺。

银杏，生长缓慢，形状偏窄，秋天叶片变黄。

豆梨，能生长到三十五至五十英尺高，开白花。

英国栎，生长缓慢，耐盐耐旱。

元宝枫，易受亚洲天牛虫害，因此不在皇后区、布鲁克林及曼哈顿种植。

欧洲白蜡树，易受亚洲天牛虫害，因此不在皇后区、布鲁克林及曼哈顿种植。

全缘叶栾树，树冠呈圆锥形，开黄花。

沼生栎，秋季叶片呈鲜红色，耐湿耐旱。

槐树，树冠偏圆形，花朵为奶油色。

地 铁

纽约地铁是全世界最繁忙的城市运输系统，它的乘客数量日均为四百五十万，每年约十四亿。就运客量而言，它位居世界前列，仅次于东京、莫斯科、首尔和墨西哥城的地铁。就列车数量而言，纽约地铁则绝对居于首位——它有二十五条线路，共计六千二百辆列车，远远超过了第二位。纽约地铁有四万五千六百位员工、二十五家工会，可能是全世界运营情况最为复杂的地铁系统。

如今用彩色线路图呈现的地铁系统，可以追溯到十九世纪。纽约城最早的公交车是一八二七年开设的十二座驿站马车，从炮台公园向北驶往百老汇。最早的铁路——高架铁路则出现于一八六八年。不久之后，最早的地铁——空气制动的实验性质的地铁偷偷在市政厅地下建成了，但由于缺乏政治支持，几年后就被废弃了。

当代地铁真正的先驱，是二十世纪初由一些企业家开发的私营地铁线。最早出现的是一九〇四年的跨区快速地铁（IRT），它沿着百老汇从市政厅开往曼哈顿 145 街，行程九英里。IRT 起初有二十八个站，第二年延伸至布朗克斯，一九〇八年、一九一五年又分别延长至布鲁克林和皇后区。第二条私营地铁钱路是布鲁克林快速地铁公司（BRT）修建的，大约是同一时间开通在布鲁克林的服务，但因为缺乏资金而破产，后来重组为布鲁克林－曼哈顿运输公司（BMT）。

到一九三二年，纽约才有了第一家政

年轻的发明家阿尔弗雷德·比奇获准在百老汇沃伦街和雪松街之间的地下修建输送行李的气动导管，但他偷偷建起了"客运地道"。

"地道"建成后的头一年，有四十万人在此乘车，但股市崩盘导致投资人纷纷撤资，一八七三年客运服务中止，三年后才恢复。

府运营的地铁公司——独立快速地铁系统（IND）。八年后，私营地铁面临破产，于是市政府买下 IRT 和 BMT，成了市区内所有地铁和高架铁路的运营商。过去所有地铁都归纽约交通局管理，直到一九五三年纽约州议会建立了纽约市公共运输局，从此由它作为独立的公营企业，管理及运营所有的市属公共交通，包括地铁、公交、电车等。

建设地铁网络

最早的地铁线路沿百老汇朝南北向延伸，连接曼哈顿和布鲁克林。渐渐地，皇后区和布朗克斯区也有了地铁。

地铁线路建设年份

1900　1910　1920　1930　1940

地铁的命名

二十世纪四十年代，各条独立的地铁线路合并以后，纽约才开始采用字母体系给地铁命名；为了鲜明地标识同一路线的列车，纽约地铁于一九七九年启用了彩色码体系。

1, 2, 3, 4, 5, 6, 7, 9
第一家地铁公司 IRT 最初用地铁上方对应的街道来给线路命名（如莱克星顿），并在名称中指出线路的北端终点。一九四八年，数字编码取代了这种方法，并沿用至今。

A,B,C,D,E,F
一九三二年问世的 IND 最初使用 A – H 的字母编码。

J,L,M,N,Q,R,W
一九六〇年 BMT 也引进了 IND 的字母编码体系，采用了一些尚未使用的字母。

AA,QB,RJ
多年来，BMT 和 IND 的特快列车只有单个字母，而同一线路的慢车则使用双字母（比如 AA 是开往哈莱姆的慢车）。地铁采用彩色码体系后，双字母编号于一九八五年退出了历史舞台。

地 铁

纽约有四个区的地铁全天运营。纽约地铁的站台数世界第一，有快车和慢车两套平行的系统。

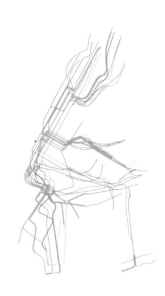

地铁网络

　　纽约地铁系统覆盖面广、错综复杂。跨越四个区（斯塔滕岛有自己的地面铁路）的二十五条线路相互联系，最长的C线路里程超过三十二英里，途经六十八座大桥、十四条隧道，共有四百六十八个站台。另外有六十部电梯和一百六十一部自动扶梯为行人上下提供便利。

　　地铁轨道全长八百四十二英里，超过纽约到芝加哥的距离。其中约百分之二十（一百八十英里）是不作客运用途的调车场、商店、仓库等辅助性设施。但最重要的是六百六十英里的客运轨道，其三分之二在地下，三分之一为地面或高架铁路。为了支持快慢车共存的系统，许多线路是平行的，所以"路线总长"只有二百三十英里。

东京地铁的年运客量接近三十亿人次，是纽约和巴黎地铁的总和。东京地铁的速度最快，有的地段甚至达到了六十二英里／小时。

莫斯科于一九三五年开通了第一条地铁线。目前线路总长二百七十千米，有一百六十五个站台，年运客量约三十亿人次。部分线路深入地下，甚至足以在核战争时期充当防空洞。

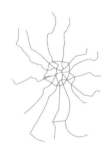

伦敦地铁是四大地铁系统中最为古老的，始于一八六三年；也是最长的，达二百五十三英里。其中最长的中央线横贯伦敦，足有四十六英里。

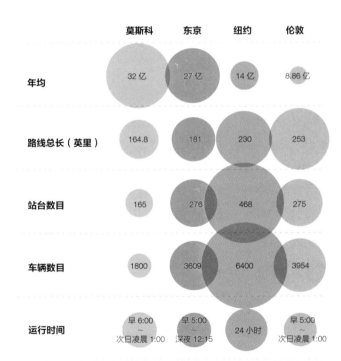

	莫斯科	东京	纽约	伦敦
年均	32亿	27亿	14亿	8.86亿
路线总长（英里）	164.8	181	230	253
站台数目	165	276	468	275
车辆数目	1800	3609	6400	3954
运行时间	早6:00～次日凌晨1:00	早5:00～深夜12:15	24小时	早5:00～次日凌晨1:00

这套系统虽然大部分在地下，技术层面上却和美国铁路有诸多相似。它的轨距和美国主要铁路一样宽（四英尺八英寸），信号系统也并不特别。但如今的纽约地铁与早年区别最大的一点，在于它将快慢车道整合在了一个网络当中，纽约是第一个建立并运营这种双层系统的国际大都市。今天，它的主要特色则在于通宵运营，每周七天、每天二十四小时。纽约是为数不多的开通了通宵地铁服务的大城市。

24 小时服务：
每小时每车客流量

上午

下午

早高峰

早高峰发车间隔时间

9 分钟	Ⓑ Ⓜ
8 分钟	Ⓖ Ⓒ Ⓝ
7 分钟	Ⓡ Ⓦ
6 分钟	Ⓠ Ⓓ Ⓥ
5 分钟	❷ ❸ Ⓙ Ⓩ ❺ Ⓐ
4 分钟	❹ Ⓔ Ⓕ Ⓛ
3 分钟	❶ ❾ ❻ ❼
2 分钟	

地铁

地铁站

纽约地铁的站台数超过了任何其他城市，多达四百六十八站，多半在地下，另有高架车站（一百五十三座），还有依路堤和"明挖路槽"而建的车站（三十九座）。最高的站台是布鲁克林的史密斯/第九大街站（F线、G线）；最低的站台是曼哈顿的191街站（1线和9线），在街道下方一百八十英尺处。

纽约的大多数地铁站可以容纳大量乘客：目前，全网共有七百三十四个售票服务点和超过三万一千个验票口。最忙的地铁站是时代广场站，每年要接待超过三千五百万的购票乘客。但是这个数字远少于在34街-宾夕法尼亚车站-先驱广场（有A、C、B、D、F、N、Q、R、1、2、3、9等线路）一线移动的总人数，这三个车站每年接待超过六千万人次的购票乘客。

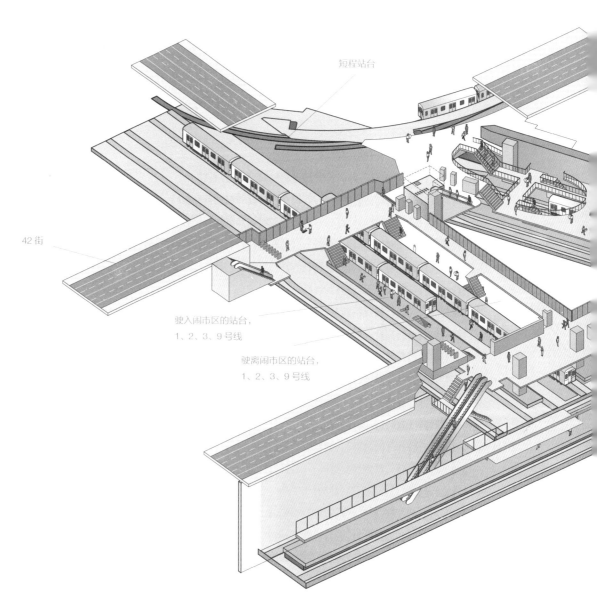

短程站台

42街

驶入闹市区的站台，
1、2、3、9号线

驶离闹市区的站台，
1、2、3、9号线

时代广场站

时代广场站位于西42街和第八大道地下，是整个纽约最繁忙也可能是最复杂的地铁站。在原有的一九〇四年建成的IRT站的基础上，这里增设了新的IRT、BMT、IND线路，逐渐形成了如今最为繁忙的交通枢纽。目前该站台还在进行大规模的再建工程，耗资五点二亿美元，需要翻新的包括站台、通道、电梯、自动扶梯等。

● 废弃车站
○ 废弃通道
✕ 废弃站台

塞奇威克大道　杰罗姆大道
西91街
18街
沃斯街
老市政厅
考兰特街
夸特街　默特尔大道

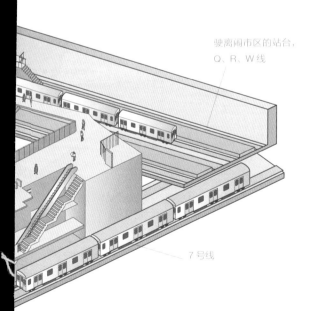

驶离闹市区的站台，Q、R、W线

7号线

废弃车站

地铁存在的头一百年间，一些站台、通道甚至整个地铁站都遭到了废弃。最知名的是原IRT线路上的市政厅站，它以高耸的天花板、天窗以及当年的枝形吊灯闻名。该站台的急转弯对后代地铁来说是不可用的，所以在一九四五年被废弃了。

纽约共有九个废弃地铁站，其中五个如今还有列车经过，但不停车。包括1、2、3、9线经过的西91街站；4、5、6线经过的东81街站；4、5、6线经过的沃斯街站；6线的老市政厅站；B、D、N、Q线的默特尔大道站。

地铁

代币的演变史

第一代代币，**一九二八年** IRT 预备涨价两美分时铸造，但从未发行。最高法院驳回了涨价方案，所以代币也只能被封存。一九四三年，该代币被按照金属价格出售给了哈德逊和曼哈顿铁路。

一九四〇年，IND、BMT 和 IRT 合并，铸造了换乘代币，乘客通过闸机验票口换乘公交或地铁都无须再交钱。

一九五三年，运输部门成立，发行了第一枚全票代币。该代币直径十六毫米，独特之处在于它的 Y 形孔。一九六六年以前售价均为十五美分，一九七〇年涨至二十美分。

一九七〇年，票价涨至三十美分，地铁发行了新一代尺寸更大的代币，保留了 Y 形孔。一九七三年票价涨至三十五美分、一九七五年涨至五十美分时，这枚代币仍未废止（虽然为了防止囤积代币，相关部门曾宣布在一九七五年会使用新代币）。

十年后的**一九八〇年**，实心黄铜代币（六十美分）取代了直径二十三毫米的 Y 形孔代币。在它短短六年的使用寿命中，经历了七十五美分、九十美分直至一美元的涨价历程。

1910   1920   1930   1940   1950   1960   1970

地铁进站

绿灯或黄灯亮起时地铁进站，此时的时速约为二十五英里／时。驾驶员反转控制杆（使发动机反向运动）降速，再用气闸停车。

车门开启前，列车员（一般在中间的车厢）拉下窗户，用手指确认车厢是否与站台中间的记号对齐；如果没有，则会通知驾驶员调整位置。

车门开启不少于十秒，同时列车员进行广播。关门前必须通知"车门将要关闭，请勿靠近"。关门的顺序是先关后半段车厢，再关前半段车厢。

列车员指示驾驶员前进，然后目视检查列车的前后车厢，以确保列车没有拉拽乘客。

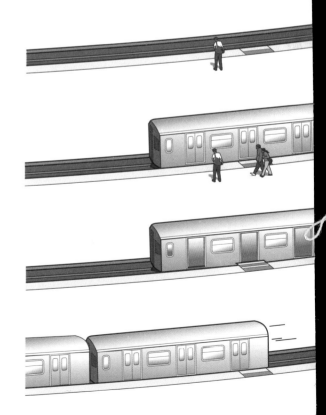

一九九七年纽约开始使用地铁卡。为了吸引顾客，地铁卡售票机支持信用卡购票（和银行自动取款机不一样），购买流程则模拟商店对话，客户决定购买之后再付款。

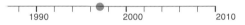

1990　　　2000　　　2010

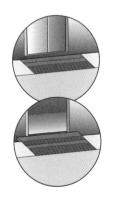

南码头站等轨道弧度很大的站台需要使用伸缩踏板，填补站台和车门的间隙。

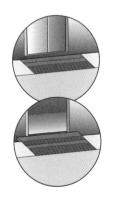

地铁广播

虽然并非总是听得清，但坐地铁难免会听到地铁广播。一般来说，地铁系统的广播是统一的，如"不要手扶车门"、"由于时间调整，本次列车暂时不发车"或者"南行列车即将进入 96 街站台"等。统一的理由也很充分，运输部门的政策就是发布便于乘客合理使用地铁系统的信息，并且"尽量避免打扰乘客"。

据地铁广播"蓝皮书"，即兴发布广播是不受欢迎的。但是，为了提升乘客体验，广播员可以酌情添加以下通知，"以增加些新鲜感"。

报时："女士们先生们，现在是三点钟。"

感谢乘坐："感谢您乘坐纽约运输局地铁。"

或两者兼有："女士们先生们，现在是三点钟。感谢您乘坐纽约运输局地铁。"

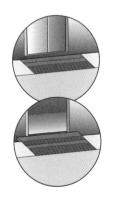

地 铁

列车

九十年代末，纽约大都会运输署以一系列新列车取代了地铁爱好者熟知的"红雀"车队——后者的某些车厢已经用了五十年。新列车分别由川崎[1]和庞巴迪[2]在扬克斯和纽约州北部建造，于二〇〇〇年开始投入使用。至今为止，投入使用的新列车已超过一千五百辆，订单到二〇〇六年交割完成。

购买新列车并不像听上去那么简单。为了适应新的维修流程，曼哈顿东180街的维修商店一度停业整顿。列车在正式投入使用前，还要在布朗克斯的戴尔大道线进行全面测试。列车的运送也相当复杂：扬克斯的列车需由平板卡车运送到曼哈顿207街调车场，再装上轨道；庞巴迪的列车则需用火车从纽约州北部经由地狱门大桥，送往纽约和大西洋铁路在皇后区的淡水湖调车场。

图解地铁新列车

列车驾驶室全由电脑控制。一个控制杆负责牵引和列车；此外控制台上还有换向键、键盘和LED平板显示屏，这些装置被用来控制车门以及显示列车数据。

新列车车壁比旧列车厚，因此容积稍小，但添加了新照明、移除了灯箱广告，看起来更宽敞。光洁的地板和新配色也让空间看似开阔了许多。

新车厢的两端门较之前更方正，安有透明窗户，以使乘客看到下一节车厢中的情况。

为了方便清扫和维护，座椅下面设计成了空的。为了耐脏，列车选用了带暗点的黑色地板。

① 日本的重工业公司。

② 一家总部位于加拿大蒙特利尔的国际性交通运输设备制造商。

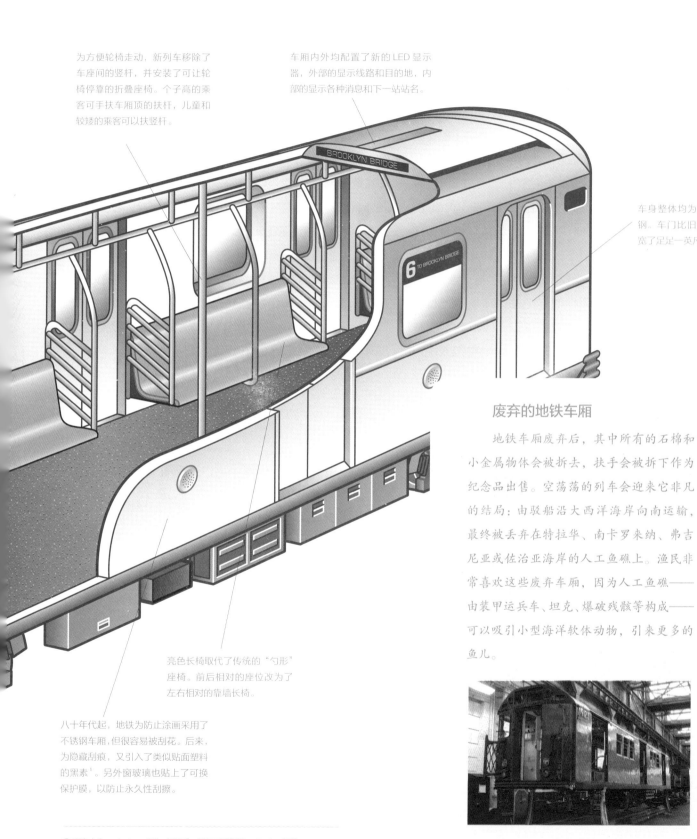

为方便轮椅走动，新列车移除了车座间的竖杆，并安装了可让轮椅停靠的折叠座椅。个子高的乘客可手扶车厢顶的扶杆，儿童和较矮的乘客可以扶竖杆。

车厢内外均配置了新的 LED 显示器，外部的显示线路和目的地，内部的显示各种消息和下一站站名。

BROOKLYN BRIDGE

6 TO BROOKLYN BRIDGE

车身整体均为不锈钢。车门比旧列车宽了足足一英尺。

亮色长椅取代了传统的"勺形"座椅。前后相对的座位改为了左右相对的靠墙长椅。

八十年代起，地铁为防止涂画采用了不锈钢车厢，但很容易被刮花。后来，为隐藏刮痕，又引入了类似贴面塑料的黑素[1]。另外窗玻璃也贴上了可换保护膜，以防止永久性刮擦。

废弃的地铁车厢

地铁车厢废弃后，其中所有的石棉和小金属物体会被拆去，扶手会被拆下作为纪念品出售。空荡荡的列车会迎来它非凡的结局：由驳船沿大西洋海岸向南运输，最终被丢弃在特拉华、南卡罗来纳、弗吉尼亚或佐治亚海岸的人工鱼礁上。渔民非常喜欢这些废弃车厢，因为人工鱼礁——由装甲运兵车、坦克、爆破残骸等构成——可以吸引小型海洋软体动物，引来更多的鱼儿。

① 原文中为 melanine，意为"黑素"，疑与三聚氰胺 melamine 混淆。

地 铁

信号与联锁

地铁的信号系统有一个世纪的悠久历史，叫作"轨旁闭塞信号系统"。地铁信号机被置在轨道边，和陆上的交通信号灯一样，由红黄绿三色信号构成。但二者的不同之处在于，公路交通灯的信号变化是事先设置的，而地铁信号机的信号变化取决于信号系统，后者由轨道电路与闭塞分区组成，可以检测不同的路段上是否有列车。公路交通灯亮起的顺序是绿黄红，地铁信号机则相反，为红黄绿。

控制地铁运行的信号机基本上分为两种：自动信号机和接近信号机。自动信号机是最常被乘客注意到的，其灯位由前一段轨道上是否存在列车"自动"决定。自动信号机负责测量的轨道的长度即为"控制定长"。前车从控制定长中完

全驶离后，信号灯才会变绿，下一辆列车方可驶入。

控制定长和信号机的布局几乎总是重叠的，其设计使得列车即使失控，也可以在撞车之前停下。停车靠的是自动停车装置，能让违反信号灯规则的列车迫停。该停车装置是一根漆黄的丁字形金属杆，列车违规时会自动弹起。它连接着列车导轮架上的跳闸旋塞，后者会立刻切断发动机动力，并让列车紧急制动。所有车厢都配有自动停车装置。

接近信号机则控制道岔处的列车，一般由两组垂直分布的显示器构成——一组在上，一组在下。这些信号机不是自动的，而是由远程控制塔里的终端操作人员事先设置为红色，等列车可以在道岔安全通过时再放行。

 前进：下一区间可通行。

 谨慎前进：预备在下一信号机处停车。

 停止：操作自动释放，然后谨慎前进，预备在视野范围内停车。

按指令速度行驶；继续沿主路行驶。（列车通过道岔时通常由两组信号灯构成的双灯信号机指挥，该信号机灯位通常为红，需由控制塔操作员手动调换成绿灯。）

 月台伸缩踏板已展开。停车等候。

 月台伸缩踏板已收回。前进。

 前方道路打开车轮检测器。交叉路口有道岔，列车限速。

轨道交汇处——也叫"联锁"——是地铁信号系统中最为复杂的部分。过去，地铁利用机械操纵联锁设备，用机械杆远程控制道岔和信号机；为避免不安全的轨道结构，这些机械杆被设计为相互"联锁"。控制某个道岔的机械杆由操作员手动从常位（直行）拨至反位（换轨）。其他机械杆可使信号机亮红灯，以允许列车穿行。但操作员无法直接控制信号机亮绿灯。如果自动信号机认为附近没有车辆，机械杆才可被设置为"允许通行"。

联锁技术至今依然是地铁信号系统的核心。几十台卫星塔存放着联锁机器，大多数还带有轨道布局显示板，用红灯标示列车在各段轨道上的位置。到了今天，卫星塔的操作人员仍无法依靠设备自动得知红灯代表的是哪辆列车；列车上的操作人员必须在联锁的前一站按下"列车识别按钮"，以获得前方联锁的安全通过许可。

控制塔网络

卫星办公室也称"塔"，负责控制地铁的道岔和信号机。塔内，操作人员利用直接与地铁信号系统联网的电子地图监测列车运行。

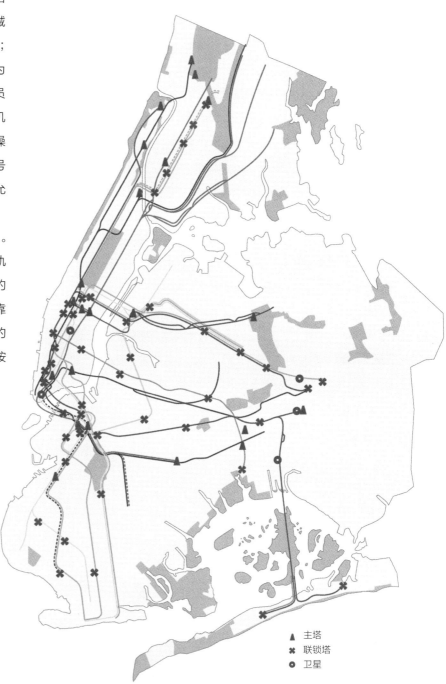

▲ 主塔
✖ 联锁塔
◎ 卫星

地铁

供电

地铁系统是纽约市耗电量最大的单位，这也许并不让人意外。纽约地铁每年耗电一百八十亿千瓦时，相当于布法罗市一年的照明耗电量。地铁用电主要由纽约供电局通过纽约州的水力、核能、化石燃料发电厂提供，一小部分位于洛克威半岛的地铁系统由长岛供电局供电。

和信号系统类似，自一九〇四年地铁开通以来，供电系统的设计原理基本没有变化。发电厂通过高压线将交流电送往各条路线上的二百一十四家变电所，变电所将交流电变为直流电（六百二十五伏），再通过九百英里的牵引电缆及一千七百架断路器输送至第三轨（供电轨）。每辆列车都装有与供电轨相连的"集电靴"，采集电流后驱动列车。

另有一套电力系统使用一千六百英里的电缆，为信号机、通风设备、线路设备、车站及隧道照明提供电力。这两套系统是分离的，第三轨没电时，照明设备能正常使用，反之亦然。

系统的用电量主要由特定线路的长度决定。列车按照自身操作需要获取电力。快车平均时速为二十五英里，慢车在 96 街以下平均时速约为十五英里；在 96 街以上时，由于车站间距离较远，平均时速约为十八英里。

车组人员

一般情况下，每辆地铁上配备两名车组人员：驾驶员和列车员。驾驶员坐在列车最前端的驾驶室，操作列车行驶和进出站，为列车的安全行驶负全部责任。

列车员则在列车中央，负责列车靠站时的开门关门和广播提示。列车员还要提示驾驶员列车是否正确靠站，并负责与乘客上下车相关的广播提示。

成为一名地铁司机

最近，非地铁员工也可以申请驾驶纽约地铁了。二〇〇三年十一月的考试中，全市十四个考点共有一万四千人竞争三百个地铁驾驶员岗位。考试包含七十个问题，答题时长约三个半小时。样题包括：

1. 安全规则最为实用，因为它可以：

a. 让人无须思考

b. 防止粗心大意

c. 为预防一般危险提供指导

d. 让工作人员为任何意外负责

日耗电量

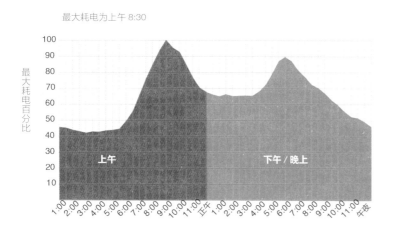

最大耗电为上午 8:30

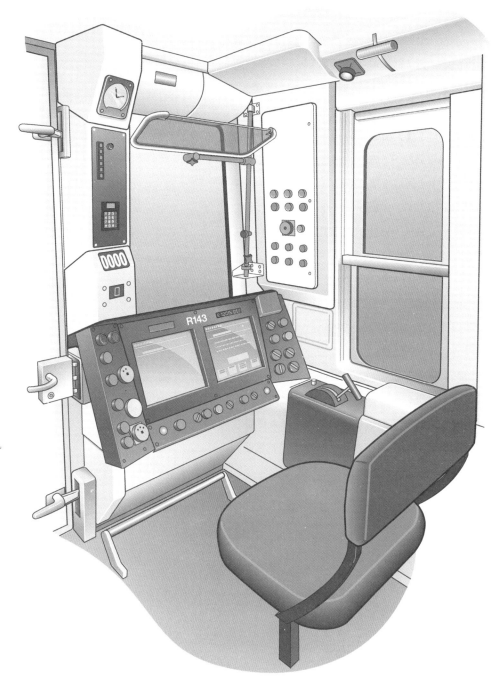

驾驶室内部

列车状态控制板位于驾驶员正前方，提供列车操作相关的全方位信息，包括列车所在位置、维护信息、通讯与信号状态、故障提示等。控制板上装有控制列车运行的操作杆。

2. 列车过站而不停车时，允许的最大时速为：

a. 5 英里

b. 10 英里

c. 15 英里

d. 系列时速

3. 第三轨为 _____ 供电。

a. 压气机

b. 紧急车灯

c. 驾驶员的指示器

d. 列车员的信号灯

答案：1.c，2.c，3.a.

地 铁

地铁故障

作为一个有百岁高龄的系统，纽约地铁还算运行良好，其"故障间平均距离"——列车在两次故障之间的平均行驶距离——超过十万英里。但地铁乘客几乎都至少经历过一次地铁故障。故障发生时，工作人员必须遵守以下标准程序：

1. 通常情况下，车组人员通过手提无线电向地铁控制中心通报故障。通报内容包括列车的"呼号"（如"1427C 168 街 / 欧几里得"即为下午两点二十七分从 168 街开往欧几里得大道的列车呼号）、位置、故障描述（一般为代码）。

2. 地铁控制中心通知当地卫星塔，卫星塔开始为延迟列车及相关列车设计绕行方案，此过程中不仅要考虑故障列车周边的轨道，也要考虑可通过道岔转入的线路。

3. 对于很多故障，尤其是在交通拥挤处发生的故障，系统有预备好的绕行方案。比如，曼哈顿下城区 A 线或 C 线出现问题时，所有 A 线或 C 线的列车都可以使用布鲁克林杰街至曼哈顿西 4 街之间的 F 线。

紧急制动

有一系列情境可能造成列车紧急制动。这些情况下，通风口会打开，刹车油管压强降低（正常情况下为一百一十磅 / 平方英寸），这会立刻触发电动气动摩擦制动装置。

若列车驾驶员手动将制动阀拨至紧急状态挡位。

紧急代码：地铁无线电代码至少涵盖了十一种紧急情况：

12–1 紧急状况，须净化空气

12–2 列车或路基着火或冒烟

12–3 洪水或严重水险

12–5 列车延迟

12–6 脱轨

12–7 请求支援

12–8 有乘客携带武器

12–9 车下有人

12–10 铁轨上出现未经许可的人员

12–11 严重破坏行为

12–12 乘客骚乱

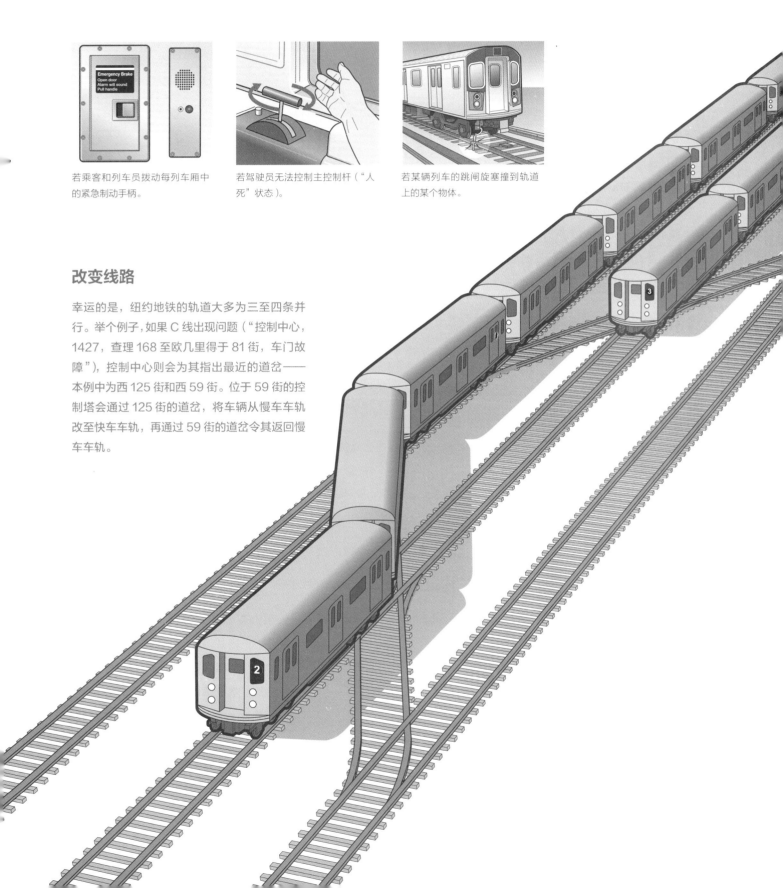

若乘客和列车员拨动每列车厢中的紧急制动手柄。

若驾驶员无法控制主控制杆（"人死"状态）。

若某辆列车的跳闸旋塞撞到轨道上的某个物体。

改变线路

幸运的是，纽约地铁的轨道大多为三至四条并行。举个例子，如果 C 线出现问题（"控制中心，1427，查理 168 至欧几里得于 81 街，车门故障"），控制中心则会为其指出最近的道岔——本例中为西 125 街和西 59 街。位于 59 街的控制塔会通过 125 街的道岔，将车辆从慢车车轨改至快车车轨，再通过 59 街的道岔令其返回慢车车轨。

地铁

地铁调车场

保持地铁二十四小时运行需要多方的支持，包括地铁调车场和维护办公室。曼哈顿、布鲁克林、皇后区和布朗克斯有十三个维护办公室，这些维护办公室有数千名员工负责地铁的常规检查。办公室也负责地铁的清洗与维修工作。

另外，大型修补和列车重组由位于布鲁克林康尼岛和曼哈顿 207 街的两大拆修办公室负责。康尼岛办公室全天二十四小时营业，为运输局和斯塔滕岛快速地铁提供服务。

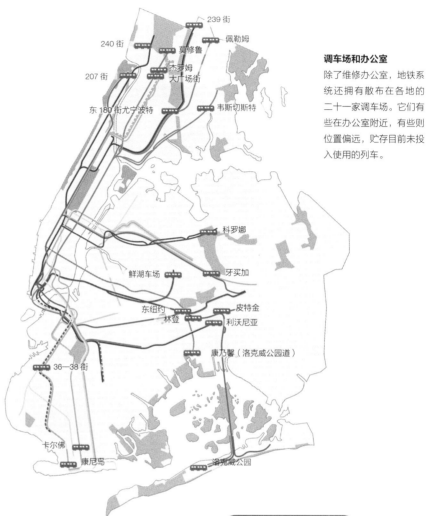

调车场和办公室
除了维修办公室，地铁系统还拥有散布在各地的二十一家调车场。它们有些在办公室附近，有些则位置偏远，贮存目前未投入使用的列车。

地铁水泵

保持轨道干燥是保证地铁顺利运行的关键。每天有三百零九套水泵装置，共七百四十八台水泵抽走地铁中一千三百万加仑的雨水等积水。水泵利用轨道下方的排水渠，将水抽送至街道下方的窨井，汇入城市的雨水处理系统。

但可能导致积水的有很多种因素：有时垃圾会堵住轨道沿线的排水渠；有时轨道上积水太多，排水渠通往泵房的管道输送不过来。为了减少排水故障，运输局正在安装加粗的引水管道，并在排水渠上方安装板条盒以防止堵塞。

支援列车

运输局的车队大部分由载客列车组成，另有约三百五十辆轨道列车是公众较少接触，但系统运行时必不可少的。它们有些从事最简单的收集工作，如垃圾车、收币车；有些很少出现在隧道中，如除雪车、水箱车；还有一些负责维修维护工作，如焊接车、起重车、信号供应车等。

收币车有两个车厢，它在地铁站之间移动收集车费，很快将被运钞车取代。

起重车一般用来搬运、提升或卸载需更替的轨道，也可以用来吊起发电机或轨枕，一般由机车牵引。

平板车一般用来拖运机械和其他设备，最高载重量达三十吨。

信号供应车装有吊运设备，可以移除现有信号机，安装新信号机，一般由载客列车牵引。

水箱车在地铁系统内运输液体，一般由机车牵引。

真空车

真空车是地铁专用列车中最特别的一种，每辆重达数吨，耗资一千五百万美元，每分钟可吸纳七万立方英尺空气。它不停地运作，以保持地铁轨道的清洁。据估测，在过去的两年中，真空车共收集了五百多万磅的垃圾。它设计精巧，可以绕开小而重的物体（如道砟），但即使智能水平较高，它有时也需要协助：真空车工作前需要有工作人员沿铁轨先捡走较大的不易被吸入的物体，如鞋子、手机、化妆包等。

焊接车是退休的载客列车，可以同时将八条长达三百九十英尺的铁轨搬运至待焊接的地点。

机车可以牵引无动力的列车，如平板车、起重车等。其中六十二辆为柴油电机车，十辆为电机车。

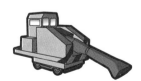

除雪车安装有喷气发动机，职责是吹走轨道上的积雪。由于体积太小，它在轨道上时信号系统无法识别，需要两辆机车随行。

压路机铺设、压平轨道上的道砟。它装有旋转滚刷，可以铺设道砟并将多余道砟扫入传送带中移除。

桥梁与隧道

绝佳的港口和多条航道曾令纽约成为贸易中心，现在它们使纽约成为了桥梁和隧道之都。两千多条桥梁和隧道保证了纽约交通的畅通无阻。这一交通网络由七个单位管辖：纽约和新泽西港务局、纽约大都会运输署、纽约运输部、纽约州运输部、纽约市环保部、美国国铁和纽约市园林部。

纽约市几乎所有的主要桥梁以及若干隧道都曾打破或创造纪录。一九二七年开通的荷兰隧道是世界第一条公路隧道。一九三一年乔治华盛顿大桥和一九六四年韦拉扎诺海峡大桥开通时，分别是当时世界上最长的悬索桥。连接斯塔滕岛和巴约纳、新泽西的巴约纳大桥也曾是世界上最长的钢拱桥。

一六九三年是纽约桥梁建设的开始，曼哈顿和布朗克斯之间的斯派腾戴维尔河之上，建起了第一架大桥——国王大桥。这座由石拱座和木桥面构成的大桥于一九一七年拆毁。至今尚存的最古老桥梁是哈莱姆河上连接曼哈顿和布朗克斯的高桥，它开通于一八四三年，是新巴豆渡槽工程的一部分，为城市送水。

纽约市有十架桥和一条隧道已经在一定程度上成了地标。一九九三年，纽约及新泽西港务局运营的荷兰隧道因其在公路隧道技术上的领先地位，被赋予"国家历史地标"称号。乔治华盛顿大桥（港务局运营）和高桥（纽约环保部运营）、地狱门大桥（美国国铁运营）也获得了地标称号。同样获此殊荣的还有纽约运输部管辖的七座大桥：皇后区、布鲁克林、曼哈顿、麦康柏斯丹、卡罗尔街、尤尼弗西蒂海茨以及华盛顿大桥。

一九二七年，经过七年的建设，荷兰隧道——第一条采用机械通风的水下公路隧道——正式开通。通行费为五十美分。

一八八三年布鲁克林大桥隆重开通。建造大桥使用的铁索总长超过了一万四千四百英里。

如今，十四架主要大桥及连接本市和邻市的隧道每天都有数百万的车流量。最繁忙的三架大桥——乔治华盛顿大桥、韦拉扎诺海峡大桥和三区大桥均出自一位设计师之手：工程师奥斯马·阿曼。（阿曼还设计了白石大桥、窄颈大桥、林肯隧道，因此成为纽约市城市工程之父。）

E-ZPass

美国东北和中西部地区十一个州都开通了电子收费系统 E-ZPass。参与 E-ZPass 的车辆装有小电子牌，将数据传输至斯塔滕岛客服中心的远程电脑上，数据经过处理后，会从司机账户自动扣除相应费用。

自从一九九三年投入使用以来，E-ZPass 大为成功，现在纽约大都会运输署和港务局的所有桥梁、隧道都在使用。

曼哈顿桥梁隧道图

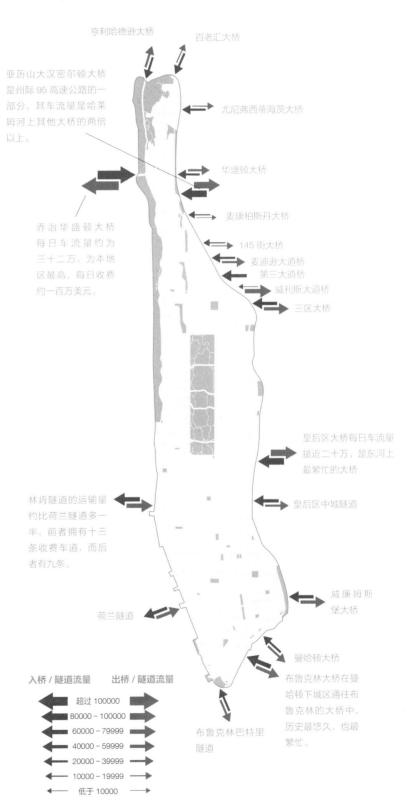

亨利哈德逊大桥

百老汇大桥

亚历山大汉密尔顿大桥是州际 95 高速公路的一部分，其车流量是哈莱姆河上其他大桥的两倍以上。

尤尼弗西蒂海茨大桥

华盛顿大桥

乔治华盛顿大桥每日车流量约为三十二万，为本地区最高，每日收费约一百万美元。

麦康柏斯丹大桥

145 街大桥

麦迪逊大道桥

第三大道桥

威利斯大道桥

三区大桥

皇后区大桥每日车流量接近二十万，是东河上最繁忙的大桥

林肯隧道的运输量约比荷兰隧道多一半，前者拥有十三条收费车道，而后者有九条。

皇后区中城隧道

威廉姆斯堡大桥

荷兰隧道

曼哈顿大桥

布鲁克林大桥在曼哈顿下城区通往布鲁克林的大桥中，历史最悠久，也最繁忙。

布鲁克林巴特里隧道

入桥／隧道流量　出桥／隧道流量

超过 100000
80000-100000
60000-79999
40000-59999
20000-39999
10000-19999
低于 10000

桥梁与隧道

桥梁类型

悬臂桥由金属杆、横梁、主梁、交叉牵索等构成，上部呈网状结构，凭其支承桥面。皇后区大桥是纽约悬臂桁架桥的代表。

悬索桥以通过索塔悬挂并锚固于两岸的缆索作为主要承重构件。缆索垂下许多吊杆，把桥面吊住。乔治华盛顿、韦拉扎诺、布鲁克林、曼哈顿和威廉斯堡大桥都是纽约市著名的悬索桥。

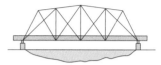

栈桥靠一系列相连的桩和梁支撑。

梁式桥一般用于短跨距桥梁。钢梁将路面负载转移至桥两端的支柱上。

钢拱桥可能有一拱或多拱，材料为混凝土或钢铁。纽约市政府管理的桥梁中只有华盛顿大桥为钢拱桥，其横跨哈莱姆河，有两拱。

桁架桥的桥面是由钢桁架支撑的路面，钢桁架又由桥墩和桥台支撑。

桥

　　纽约的桥长短不一、各式各样，通行其上的可以是汽车、火车、地铁列车，也可以是自行车或行人。从技术上讲，桥是跨度大于二十英尺的建筑物。根据这一定义，纽约市市属桥梁中，最长的是郭瓦纳斯桥，最长的铁路桥则是布朗克斯扬基体育馆旁的高架铁路。

　　但是，纽约市最著名的桥梁不是陆上桥，而是连接岛屿的桥梁。韦拉扎诺海峡大桥、乔治华盛顿大桥和布鲁克林大桥都被视作世界上最美的大桥。威廉斯堡大桥则相当实用，它的两条重轨运输轨道每天运载 J、M、Z 地铁线的几万乘客，八条车道每天承载超过十四万辆车，人行道客流则约为每天五百人次。

　　总的来说，纽约市内分布着大约两千座桥梁，其中超过七百座处在市运输部的监管之下。有二十架为跨区大桥，其余的大致均匀分布于各区内。市内总共有二十五架开合桥，其开合必须遵守海岸警卫队的规定，并由运输部桥梁部门通过对讲机或电话组织开合。

可活动的桥

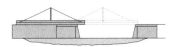

伸缩桥铺于可通航的水道之上，有船经过时即可"收缩"起来。伸缩桥在十九世纪很流行，那时渡口狭窄，要求水平净空达到最大。巴登大道和卡罗尔街大桥都是伸缩桥。

平转桥由河道里的中心桥墩支撑。大桥可沿水平方向的圆形轨道旋转打开，开启后形成两条分离的水道，供船只通过。第三大道、麦迪逊大道和麦康柏斯丹大桥都是平转桥。

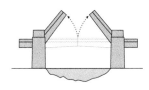

开合桥也叫作吊桥，可依靠配重将一分为二的桥面垂直抬起。佩勒姆桥、汉密尔顿大道桥和绿点大道桥都是开合桥。

垂直升降桥是活动桥，桥面可以像电梯一样升起，这一动作是由一个将支承电缆与航道两端桥塔上的滚筒相连的系统完成的。103 街大桥、沃德岛步行桥、罗斯福岛至皇后区大桥都是垂直升降桥。

最常开启的桥（1988－2002）

1 海滨路－佩勒姆路（布朗克斯）
2 汉密尔顿大道（布鲁克林）
3 第九大街（布鲁克林）
4 绿点大道（布鲁克林／皇后区）
5 大都会大道（布鲁克林）
6 布鲁克纳高速公路（布朗克斯）
7 普拉斯基（布鲁克林／皇后区）
8 第三大道（布鲁克林）
9 米尔巴辛（布鲁克林）
10 卡罗尔街（布鲁克林）

● 过街桥
● 航道桥
● 铁路桥
● 活动桥

纽约市的桥

桥梁与隧道

布鲁克林大桥 布鲁克林大桥是美国最古老的悬索大桥之一。它的桥塔当时是曼哈顿下城区最高的建筑。这座桥于一八八三年竣工，修建过程中耗资一千五百万美元，牺牲了二十条生命。

威廉斯堡大桥 布鲁克林大桥的建造耗时十三年，威廉斯堡大桥只花了七年，于一九〇三年通车。它的主跨距为一千六百英尺，高度为平均高潮面以上一百三十五英尺，与南边的曼哈顿大桥几乎一模一样。

皇后区大桥 皇后区大桥是区内唯一的悬臂桥，开通于一九〇九年。它本来是为了两条高架铁路线、两条电车路线（后来都移走了）以及曼哈顿的一个市场而造。这个市场和纽约中央火车站著名的牡蛎酒吧使用的都是古斯塔维诺瓷砖。

巴约纳大桥 巴约纳大桥是世界上最长的钢拱桥之一，中跨一百五十一英尺。车道上方双曲线形状的钢拱和三角形钢桁架相辅相成。

乔治华盛顿大桥 一九三一年，乔治华盛顿大桥开通时只有一条行车道，但它还设计了可以承担铁路交通或额外的公路交通的第二层。一九六二年，第二层终于完工，仅供车辆通行。今天它有十四条车道，是世界上最繁忙的悬索桥之一。

韦拉扎诺海峡大桥 一九六四年开通时是当时世界上最长的悬索桥。它矗立于水面之上二百二十八英尺，傲视港口的其他桥梁。它的桥塔非常高，而且相隔甚远，以至于建造者必须考虑地球表面的曲度，这也是为什么桥塔顶端的距离比桥基的距离要远一点八七五英寸。

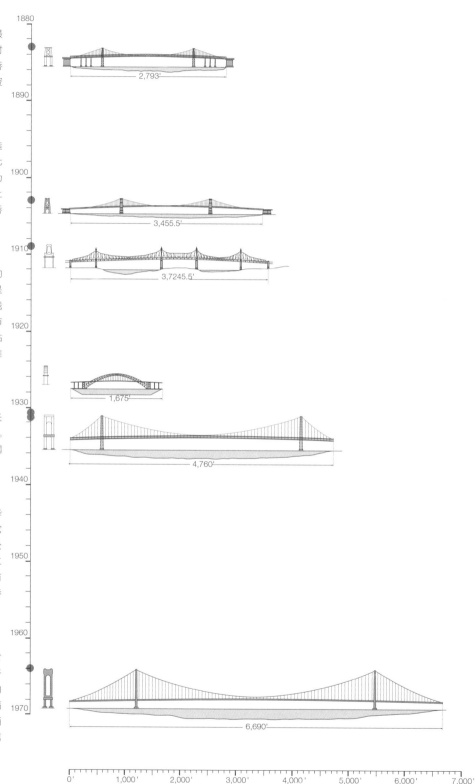

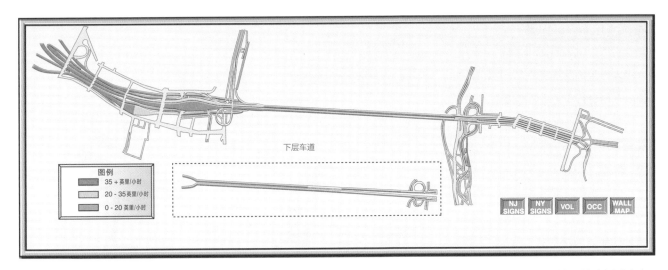

华盛顿大桥及其引路上的车速

裸桥

乔治华盛顿大桥绝对算不上世界上最长的悬索桥，但论坚固程度一定名列前茅。它由十一万三千吨结构钢和十万六千英里长的钢索构成——几乎是地球到月球距离的一半。

但乔治（人们对这条大桥的昵称）最特别的一点不在于长短和坚固程度，而在于其外貌——可以说是一场历史事故。按照一开始的设计，桥塔是要铺上砖石的。但建造到一半，这建筑骨架的惊人之美，以及继续建造要耗费的资金让铺砖工作举步维艰。一九三一年大萧条席卷全国，大桥的出资方港务局决定就铺到一半，将耗资控制在原先预计的六千万美元以下。

大桥运营

纽约市民几乎完全不了解大桥运营的复杂程度。以乔治华盛顿大桥为例，其运营中心收集信息必须通过：

一百五十九架雷达监测器，测量车流量、路面占用情况以及车速；

三十九台照相机，实时监测桥梁路况；

柏油路的路面传感器，显示温度、结冰状况、凝固点等路面信息；

风速、温度以及能见度传感器，显示危险情况；

公路咨询电话和电话亭，提供公路和道路信息；

可变信息标志传感器，显示出行时长，也显示标志牌上哪些像素和风扇正在（或不在）运行。

除了大桥操作中心的员工，还有八十四位全职收费员和二十三位兼职收费员，负责向不使用E－ZPass的司机收费。总体上，要使这座优雅的大桥运转起来，需要三百位工作人员。

桥梁与隧道

大桥维护

和人行天桥及铁路桥梁一样，州内法律要求所有行车桥每两年接受一次检查。检查方式主要是目测，技术人员坐在起重机里在桥下方行驶，寻找裂痕、锈迹、腐蚀，或者在桥面观察货车过桥。他们也可以用榔头敲击桥梁，听一听混凝土或钢材的震动。辨识特别的问题可能需要使用更为精密的工具，如X光、激光以及声学仪器。

检查大桥需要多达五十人，花费三个月的时间来完成。检查人员每次都要给大桥评分，总分七分，低于四分的大桥就要纳入纽约运输部的首要规划。工作人员使用一套"旗帜体系"来标识存在危险或可能导致危险的状况：

红旗用来报告大桥的某一关键部件有损坏迹象。红旗问题必须在六周内解决。比如一九八八年检查人员发现威廉斯堡大桥生锈严重，于是将大桥关闭两个月进行紧急维修。

黄旗用来报告危险情况或者非关键部件有损坏（其损坏不会导致大桥坍塌）迹象。

安全旗用来报告车辆或行人存在安全隐患，但这不太可能危害桥梁的使用性能。如栏杆丢失或者混凝土松弛，就用安全旗标识。

大桥的清洁和维护

清洗伸缩缝

伸缩缝位于大桥表面，会受到多种物质的侵袭，如水、臭氧、粉尘、泥土以及盐产品中的化学成分和汽油。为防止这些物质渗进桥面，需要先用压缩空气和水除去垃圾，再清洗伸缩缝、重新密封。

高空作业车

有时可置于平底船上，用来检测桥的底部。

高空作业车

为了仔细观察桥的底部，维修人员使用一种专门的货车，它的铰接臂可以弯曲，伸向大桥底部。

垃圾清除

垃圾可能给大桥造成险情，也会将潮气和盐分存留在桥里，还可能阻碍正常排水。垃圾可能是石头、消音器、车轮罩，也可能是纸、瓶子、罐头等。

除漆和重新上漆
除漆是通过喷砂实现的，但必须事先设置
围护区域（包括柏油帆布、脚手架和缆索）。
一般涂三层无铅油漆：底漆、中间层以及顶
层涂料。

排水系统的清扫
清洗路面格板、排水沟以及水落管需要用
扫帚、刷子以及其他各种手动工具。有时，
彻底清扫某些排水沟也需要空气压缩机。

铺路
路面一般由两英寸厚的沥青混凝土厚板构
成，磨损后需要更换厚板、重铺路面。

局部喷涂
腐蚀性物体如融雪盐、鸟粪和海盐等造成
的表面污渍一般用清水或蒸汽强力清洗。
有褪色油漆的区域则一般用手动工具清洗。

扫路
扫路机沿桥面路缘前进，扫除灰尘和垃圾。

化冰
化冰车一般负责在路面上撒磨料和化学品，
防止结冰导致行车危险。

桥梁与隧道

隧道

很多歌曲、诗歌都赞美纽约的大桥，却很少有人讴歌纽约的隧道。其实，连接曼哈顿与长岛、新泽西的四条行车隧道——布鲁克林－炮台公园隧道、皇后区中城隧道、荷兰隧道和林肯隧道——才是控制每日进出城人流的关键。

东河和哈德逊河下方的隧道在过去堪称工程奇迹。虽然

第一条跨哈德逊河铁路隧道早在一九一〇年就已开通，但是公路隧道比起铁路隧道需要更大空间，还需要排放废气，面临的挑战更大。二十世纪二十年代末，荷兰隧道启用了双管道系统——一条管道吸入新鲜空气，另一条吸出废气。该系统后来被全世界的公路隧道采用至今。

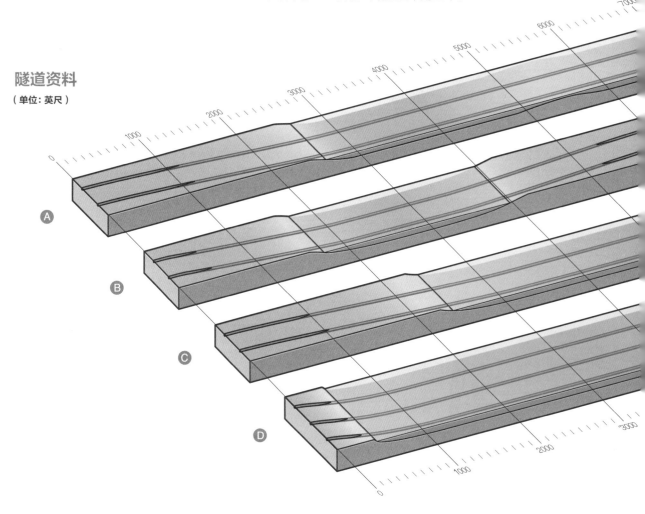

隧道资料
（单位：英尺）

Ⓐ **布鲁克林－炮台公园隧道** 一九五〇年开通时，长达九千一百一十一英尺的布鲁克林－炮台公园隧道是当时世界最长的连续水下公路隧道，至今仍然保持纪录。曼哈顿下城区有两所通风塔——布鲁克林一所，总督岛一所，每九十分钟为隧道换一次气。

Ⓑ **皇后区中城隧道** 一九四〇年，为了缓解东河桥梁的交通压力，纽约开通了皇后区中城隧道。它的每条通道都比荷兰隧道宽一点五英尺，以适应当时比较宽的汽车。其最大路面坡度为四度。该隧道也是长岛高速西行方向的终点。

Ⓒ **荷兰隧道** 作为纽约年代最久远的公路隧道，连接着曼哈顿的坚尼街和泽西市的 12 街与 14 街。它于一九二七年隆重开通，是第一条采用机械通风的水下公路隧道，一九九三年被评为国家历史地标。

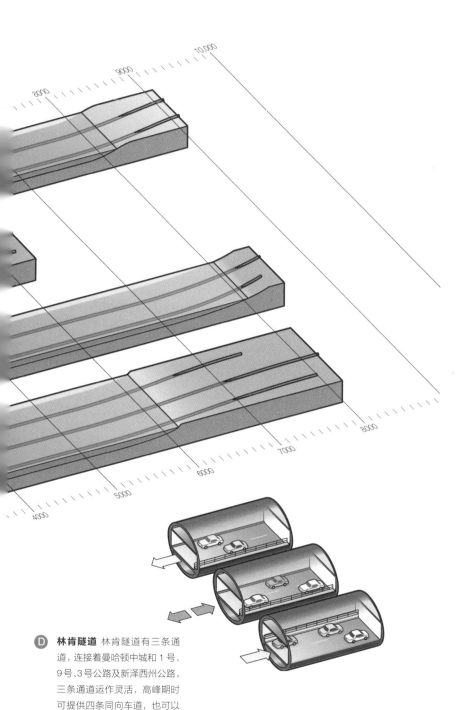

布鲁克林－炮台公园大桥

一九三〇年，纽约通过了在炮台公园和布鲁克林红钩区修建隧道的议案，但由于大萧条而搁置了该计划。市长拉瓜迪亚很想修建隧道，于是找到了罗伯特·摩斯——他的三区大桥管理机构处于盈利状态——来出资、修建并运营这条隧道。

摩斯喜欢大桥胜过隧道，所以他将修建六车道隧道的方案改为修建六车道大桥，这样造价和运营成本更低，承载车辆更多，而且能成为一座标志性建筑。新布鲁克林－炮台公园大桥将成为一对悬索桥，由总督岛上的中央锚碇聚拢，通过炮台公园附近的低位堤道与西区高速相连。

虽然城市规划委员会支持这一项目，但摩斯的造桥计划遭到了当地以及首都的强烈反对。一九三九年，富兰克林·罗斯福政府的战争部长终止了这个项目，指出桥梁易被袭击，并且会给布鲁克林海军码头的交通造成阻碍，所以恢复了修建隧道的计划。

Ⓓ **林肯隧道** 林肯隧道有三条通道，连接着曼哈顿中城和1号、9号、3号公路及新泽西州公路。三条通道运作灵活，高峰期时可提供四条同向车道，也可以在两个方向提供各三条车道。

桥梁与隧道

荷兰隧道内部

通风塔是纽约隧道最显眼的部分，坐落于隧道一端的地面上。荷兰隧道有四座通风塔，共有四十二台吹风机（任何时刻都有二十八台在运作）负责从路面下的管道向隧道内吹入新鲜空气。每台吹风机直径为八十英尺。

废气通过隧道顶部的一条管道排出。每九十分钟换一次气。

隧道内的装修瓷砖需要不断清理。据估计，八十年代末隧道换顶时用了约四百万块瓷砖。

水通过路边排水系统流出隧道。隧道内大多数的漏水情况是地下水渗透或水管泄漏造成的。

隧道外环由十四至十五片铸铁拼接而成，每片的尺寸为十八英寸 × 三英尺。接缝处错开，可承受更大的力。

公交专用车道

也许纽约人最不熟悉的交通管理措施就是公交专用车道了。该车道从新泽西通往林肯隧道，为进出城的通勤者提供便利。这条公交专用车道本为西向车道，长达二点五英里，从林肯隧道通往新泽西公路，工作日早高峰时段则改为东向。每天有超过一百条不同的公交线路、共计约一千七百辆公交车使用这条车道。据统计，比起使用通往隧道、常常堵塞的 495 号公路，约六万名乘客节约了十五至二十分钟。

隧道维护

　　纽约州法律没有专门为隧道制定修复或维护程序。但大都会运输署和港务局会定期检查进城隧道是否完好。作为年度常规检查的补充，港务局每两年会邀请外部顾问进行综合检查，以确保隧道完好。检查出的问题被归类为一级重点、重点、常规重点和常规问题，并依次解决。

　　检查隧道时，检查人员要爬进系统，寻找裂缝、脱落的钢筋混凝土块、损坏的螺栓、水渗透处或泄漏点。检查人员用锤子敲击钢筋混凝土，并倾听回声。他们不仅要检查隧道本身，还要检查通风塔以及挡土墙、泵房等附属结构。

　　除了检查外，隧道还需要大量的维护人员进行日常清洁、修复和维护。比如，荷兰隧道有八十三名维护人员，林肯隧道有七十九名。每年每条隧道的人员服务成本超过四百万美元。

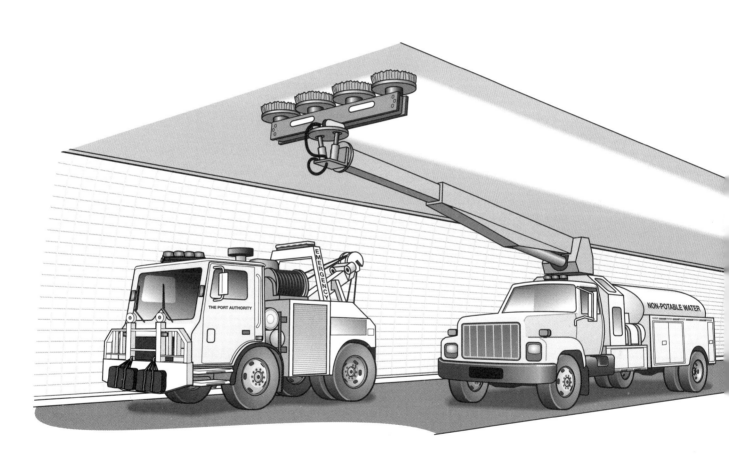

隧道需要定期清洁。高度最低的荷兰隧道每两天就会被车辆废气熏黑。配有运动手臂和旋转刷子的大型电刷车每周为其进行三四次清洁。出于保护环境的考虑，主要使用清水来清理。

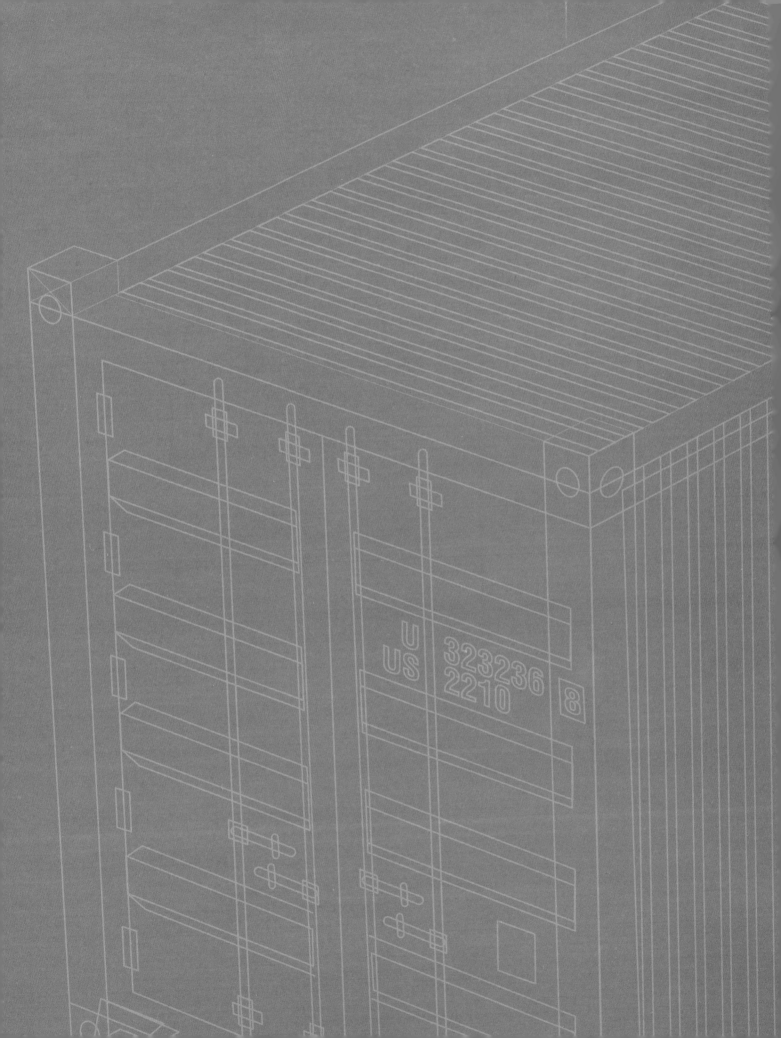

第二章
货运

城市需要消耗大量的商品，纽约就是最好的例子。每天，价值数亿美元的货物通过轮船、列车、飞机、货车运入市区。大多数人对此习以为常，不过，不论是刚刚建立的纽约，还是当今的纽约，贸易对城市生活都同样重要。

但现在大多数纽约人已经看不到货运的繁荣景象了；船埠码头堆满异国商品的鲜活景象一去不复返。现在货运主要通过口岸、机场、六处铁路货场以及一些批发市场进行，变得更安静也更高效了。人们偶尔会看见冒着蒸汽的货船驶入码头，或是一列货运火车顺哈德逊河而下。它们的背后其实有着复杂的物流运输系统，支撑着城市的商业生活。

铁路货运

每周约有一千七百五十列有轨车驶经纽约大都会区，这只是该地区货运生命线的一小部分，但十分重要。每列车都会带来一批来自几百甚至几千英里以外的装箱货物，运送到纽约消费者手中。它们不同于运送某种单一货物的"专列货车"，而是终点站为纽约、装载着不同生产商的不同产品的货物列车。

这些货运列车——某些有多达一百二十节车厢——都是环保型的。平均来说，一列车和二百八十辆货车运送的货物一样多。但可惜的是，铁路货运在二十世纪四十年代早期还占据本地区货运的百分之四十，现在却只占百分之五点六。这一比例的下跌反映了本地区进口事业的繁荣，也反映出长途货车产业带来的竞争。

铁路货运至今尚存，部分要归功于二十五年前联邦政府一次较为成功的干预。铁路一度是从西部运货的首选，但到一九七六年，铁路服务衰落严重，华盛顿因此介入，将破产的宾州中央铁路及东北五条处境艰难的铁路合并为联合铁路公司（联铁）。该公司花了纳税人约七十亿美元投资新列车、修复轨道。一九八七年公司稍有成就之后，便向公众出售。联合铁路公司垄断了纽约大都会区货运的进出，因此受到诺福克南方铁路公司和CSX运输公司的青睐。一九九九年，两家耗资一百零三亿美元共同买下了联合铁路公司。虽然联铁至今依然作为两家公司的子公司，负责地方铁路货场的道岔转换服务，但其大多数资产已被两家公司瓜分。

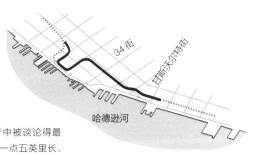

重塑高线

纽约火车货运时代留下的遗产中被谈论得最多的是曼哈顿高线，它是一条一点五英里长、三十英尺宽的高架铁路，从西34街绵延至甘斯沃尔特街。如今它将被改建成带状公园。高线建于二十世纪三十年代，目的是缓解第十大道的交通拥堵。其后三十年间，食品和货物一直通过高线运入曼哈顿，直到六十年代初高速公路状况改善、铁路运输逐渐衰败。

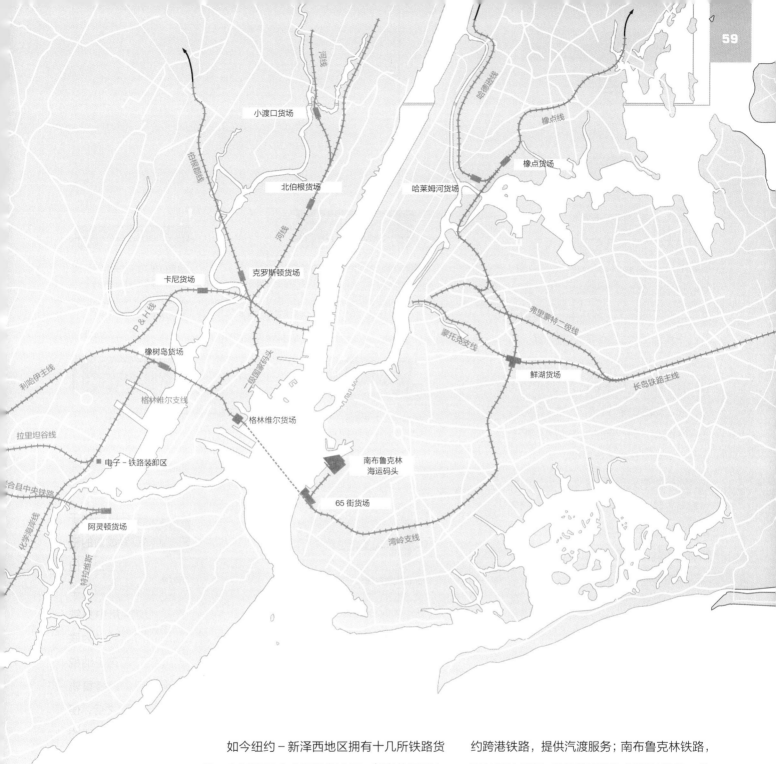

　　如今纽约－新泽西地区拥有十几所铁路货场，隶属于三家主要铁路公司：负责往返于东加拿大的加拿大太平洋公司，主要在南部和中西部运营的诺福克南方铁路公司和 CSX 运输公司。还有七家较小的地区铁路公司或码头铁路公司提供支持：纽约和大西洋铁路，服务长岛的货运客户；特快铁路，服务码头客户；纽约跨港铁路，提供汽渡服务；南布鲁克林铁路，服务纽约捷运；普罗维登斯和伍斯特铁路，从大都会区通往康涅狄格、罗德岛和马萨诸塞州的部分地区；纽约萨斯克汉那和西部公司，通过纽约市周围的一条环线连接着纽约上州、新英格兰和中大西洋地区；码头泽西铁路，在新泽西北部提供道岔转换服务。

铁路货运

有轨车

美国约有一百三十万有轨车，形状各异，大小不一。许多车是专用的，如运输木材、化学物品、林业产品、汽车等。其他则是标准车型"漏斗车"及"刚朵拉车"的不同版本。漏斗车一般运输干燥且不受天气状况影响的大宗商品，如石头、砾石、煤炭等。刚朵拉车有的露天，有的有遮盖，一般运输较重或体积较大的物品，如废金属、钢材、木片、集料等。还有冷藏，利用柴油发电制冷，用于新鲜或冷冻产品的长途运输。

所有的有轨车侧面都有标记，一般为车号、铁路商标或标识，以及车辆所有者的姓名或首字母。此外车上也会有表示其承载体积和重量、车辆长宽高及制造日期的缩写。

棚车 棚车是用来运输商品的封闭式列车。

刚朵拉车 刚朵拉车是一种低矮的货车，平底，车壁固定，无顶。一般运输石头或钢材等大体积商品。

罐车 罐车用来运输液体、压缩或液化石油气，以及卸货前处于液化状态的固体。

有顶漏斗车 有顶漏斗车适用于不会变潮的大体积商品。它有开口，可以从顶端或侧面装货。

三层汽车列车 三层汽车列车有三层钢架，可以装载十二辆厢式小客车或十五辆小型汽车。

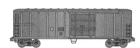

冷藏车 冷藏车用来运输需要冷藏的商品。在用油发电制冷的时代到来以前，冷藏车上都装着冰块。

不再坐渡船

一九二七年荷兰隧道开通前，美国几乎所有抵达纽约的货运列车终点站都是新泽西。货物得再从新泽西登上货运渡轮或者平底渡船——一种带有铁轨，以便和陆上的货运列车接轨的平底船。有段时间，布鲁克林沿岸有几十架平底渡船桥。

今天，纽约港有多条汽车货运路线，但只有一家平底渡船公司留存至今。这家公司名为纽约跨港铁路，每年在南布鲁克林和泽西市的格林维尔货场之间运送约两千辆有轨车，约等于一九六五年的日均运送量。十五至二十辆有轨车可以同时从岸边滑进渡船上的轨道，再由拖船拖至河对岸的卸货场。

其中的大多数货物（以运送到长岛为主）是"不着急"的：这种运输方式比用铁路送至哈德逊河，再在奥尔巴尼附近的塞尔扣克过河耗时更长，但也更为廉价。

中央梁隔板平板货车 这种车常常用来运输木材或者干板墙，堆在中央梁的两侧。

特殊用途凹底平板车 这种平板车一般用来拖运超大体积的物体。

公铁两用车 公铁两用车是一种特殊的拖车，既可以在公路上行驶，也可以在铁路上行驶。它于一九五二年设计成形，现在很多铁路都在使用，比如美铁就将其用于邮政服务。

装载集装箱的平板车 装载集装箱的平板车是哈德逊河两岸常见的货运列车。

双层集装箱车 双层集装箱放置于特别设计的低底盘车上，以保证其低于美国铁路通行的二十二英尺限高。

装载拖车的平板车 该平板车上装载着拖车，这种方式一般也叫作背负式运输。

货物多式联运

进出纽约地区的绝大多数铁路货物是以多种运输方式联运的，也就是说使用了不止一种运输方式。比如，人们可以把汽车挂车装在有轨平板车上，由火车长距离运输。集装箱也采用类似方式，可以轻松地换乘轮船、火车或货车。有一种特殊交通工具公铁两用车，可以兼用于公路和铁路运输。

货物多式联运越来越常见的联运单位是集装箱。多亏有了双层集装箱车，在境内长途运输时，集装箱可以一层层堆起来。这种车效率很高，因此运往纽约地区的亚洲货物常常会被先运至西海岸，再用这种车运往东海岸——现在，这种运输方式被称为"迷你大陆桥"。双层集装箱货车也在纽约港和北新泽西的其他货场装货，将进出口货物运往东加拿大和中西部。

火车里有什么？

如果你曾站在道口，等待过货运火车从眼前呼啸而过，那你一定知道这些车的长度有多惊人。这也是铁路货运的经济实惠之处：可以用同一辆机车串联尽可能多的终点接近的车厢。二〇〇三年八月二十六日抵达纽约和大西洋铁路的某列火车，就运送了这样不同寻常的货物组合。如下图所示：

葡萄酒   纸浆纸板

铁路货运

编组站

比起货车运输，铁路的好处就是可以用一列车长距离运输许多不同种类的货物。但是，组装起一列车的货物并不容易，因为各车厢货物的始发地和终点可能都不一样。这就要靠编组站发挥作用了：它从发货人那里收集车厢，组装成一列火车，行驶至下个货场，再按目的地重新分类编组。

编组站主要有两种：平面编组站和驼峰编组站。平面编组站内含一套由道岔相连的平行轨道，并靠道岔控制机溜放车组或车辆。驼峰编组站则有一条高于货场其余部分的轨道；道岔控制机将某个车厢推上峰，再靠重力加速令其进入预定的轨道。每个车厢的车轮上都装有自动减速器，保证它能以正确的速度连挂已排在该轨道上的车厢。

在纽约–新泽西地区有好几家编组站：新泽西纽瓦克港北部的橡树岛货场由诺福克南方铁路和 CSX 共同运营。布朗克斯的橡点货场是纽约市内最大的编组站，也是途经地狱门大桥、往来于长岛的货运列车编组站和中途货场。大多数从西边开至纽约市的列车则经过阿尔巴尼南边的塞尔扣克货场。

塞尔扣克货场

几乎所有直接进入纽约市的货运都要途经位于阿尔巴尼南部八英里处、由 CSX 运营的塞尔扣克货场。作为东海岸最大的编组站，塞尔扣克货场有七十条轨道，最长的可以排放七十节车厢，最短的可放三十七节。

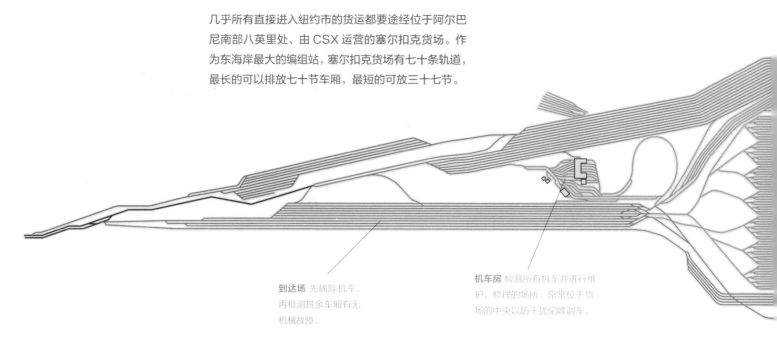

到达场 先摘除机车，再检测其余车厢有无机械故障。

机车房 检测所有机车并进行维护、修理的场所。常常位于货场的中央以防干扰驼峰调车。

纸浆纸板　　　　　　　　　　丙烷　　　玉米饲料

本地配送

也许纽约最接近本地铁路公司的，就是纽约和大西洋铁路公司了，它运营着长达二百六十七英里的轨道系统，主要服务长岛的客户。这是近几年才出现的局面；一九九七年以前，长岛（包括皇后区和布鲁克林）的铁路货运都由长岛铁路公司及其继任者管辖。一九九七年，阿纳卡斯蒂亚和太平洋铁路控股公司的子公司——纽约和大西洋铁路公司，从纽约大都会运输署那里获得了二十年的特许经营权，目标是扭转长岛铁路货运持续二十五年的衰落。该公司仅有三十名员工，每周有六天在与载客铁路共享的轨道上运营八列火车。该公司每年一万八千节车厢负载的主要是集料、废纸废金属、林业产品、化学品以及食品。

列车维修场 列车维修场是进行空载车辆修复的场所。维护人员会被分派到货场各处，一般在按车辆种类如"漏斗车""刚朵拉"划分的各个轨道。

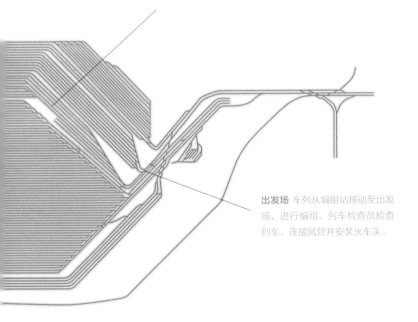

出发场 车列从编组站移动至出发场，进行编组。列车检查员检查列车、连接风管并安装火车头。

纸浆纸板 ｜ 大米 ｜ 袋装面粉

铁路货运

驼峰编组站的运作

要给目的地不同的列车编组，驼峰编组站最为高效。驼峰机车每次只须移动一辆列车的距离，就能实现整辆列车的分类或解体。

专用坑

列车离开到达场，开往编组站入口处的驼峰，其驶经的一段轨道下方有盖着玻璃的专用坑。检查员在专用坑中检查车钩、齿轮、制动器等部件。

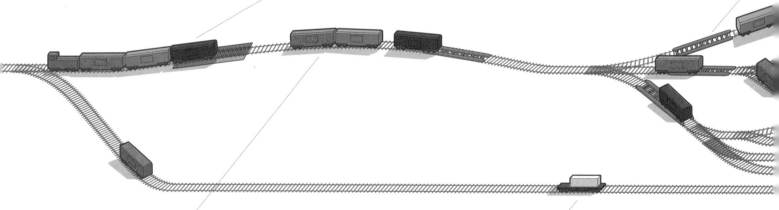

驼峰

驼峰是一座人工山丘，一般高二十至三十英尺。列车所连接的驼峰机车以三至四列／分钟的速度将车推至峰顶，下坡坡度则为两到四度。有些驼峰还配有称重器具和检查用坑。

"不可使用驼峰调车"

有时候纽约地区的某些载货列车上贴有警示语："不可使用驼峰调车。"这些车一般都运载着易碎或高价值的商品，比如液体、砖块、玻璃或精致的食物等，使用驼峰调车可能会对货品造成损害，因此贴有此类警示。

木材　　　　　　　石膏墙板　　　　大豆油　　　　　　砖头

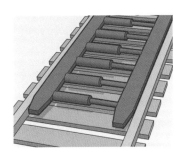

减速器

车辆越过峰顶时，会有计速器检测车速
并将数据传给减速操作员，提示应该减
少多少车速（通过机械减速器卡住轮缘），
确保连挂速度不超过四英里／小时。

编组站

过了驼峰，列车便进入编组站，这里
的一条轨道对应一个终点站。编组站
的车厢越来越多，终点站邻近的车厢
就组成一列车。编组站常常被称为
"碗"，因为大多数轨道都向场地中心
倾斜。

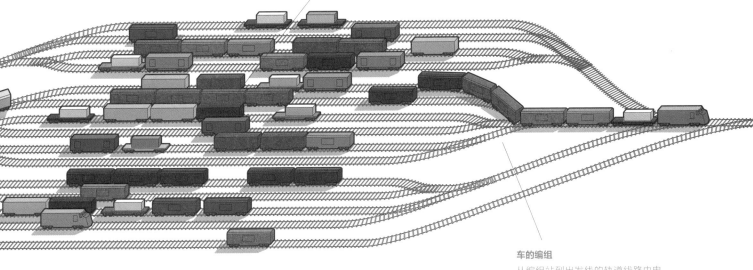

车的编组

从编组站到出发线的轨道线路由电
动道岔控制。有一条或多条出发线通
向出发场，车厢就在出发场按照不同
目的地组成火车。

玉米粉　　　　　　砖头　　　　　　桦木

铁路货运

横贯大陆的货运

曾几何时，西海岸到纽约的农产品运输几乎全靠铁路：西北的土豆、洋葱，加州的水果等。但由于货车运输越来越高效（部分得益于州际公路体系的完善），铁路运输日趋衰落。现在只有少数产品通过铁路运入纽约地区。比如，新奇士水果公司如今一年的铁路运输量不及过去的一天。

但是跨大陆铁路货运也在努力扳回局面，它们的筹码是清洁的冷藏列车，以及最重要的一点：更可靠的火车调度。虽然跨国铁路货运耗费的时间几乎是公路运输的两倍，但是由于劳工短缺、油价上涨、公路拥堵，货运的成本约为铁路冷藏运输的两倍。这样一来，保鲜期较长的西部农产品，如胡萝卜、洋葱、芹菜、土豆、花椰菜和柑橘类水果等，开始越来越多地使用铁路运输。

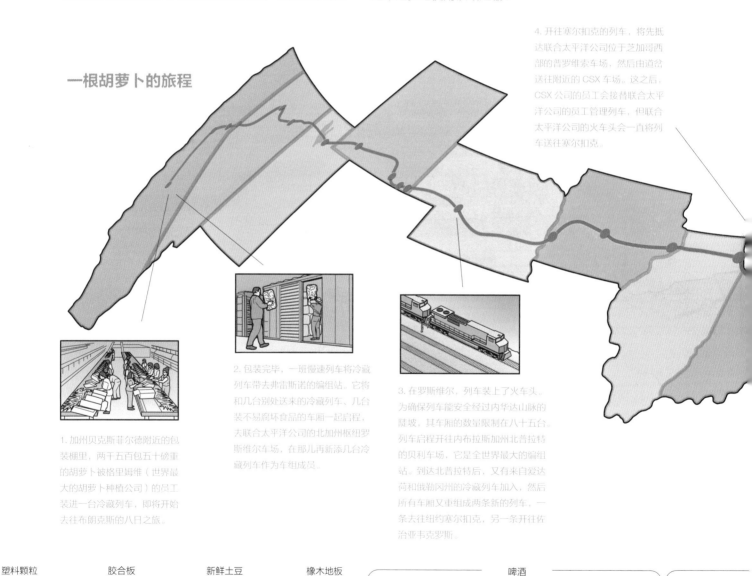

一根胡萝卜的旅程

4. 开往塞尔扣克的列车，将先批达联合太平洋公司位于芝加哥西部的普罗维索车场，然后由道岔送往附近的 CSX 车场。这之后，CSX 公司的员工会接替联合太平洋公司的员工管理列车，但联合太平洋公司的火车头会一直将列车送往塞尔扣克。

1. 加州贝克斯菲尔德附近的包装棚里，两千五百五十磅重的胡萝卜被格里姆维（世界最大的胡萝卜种植公司）的员工装进一台冷藏列车，即将开始去往布朗克斯的八日之旅。

2. 包装完毕，一班慢速列车将冷藏列车带去弗雷斯诺的编组站。它将和几台别处送来的冷藏列车、几台装不易腐坏食品的车厢一起启程，去联合太平洋公司的北加州枢纽罗斯维尔车场，在那儿再新添几台冷藏列车作为车组成员。

3. 在罗斯维尔，列车装上了火车头。为确保列车能安全经过内华达山脉的陡坡，其车厢的数量限制在八十五台。列车启程开往内布拉斯加州北普拉特的贝利车场，它是全世界最大的编组站。到达北普拉特后，又有来自爱达荷和俄勒冈州的冷藏列车加入，然后所有车厢又重组成两条新的列车，一条去往纽约塞尔扣克，另一条开往佐治亚韦克罗斯。

塑料颗粒　　胶合板　　新鲜土豆　　橡木地板　　啤酒

5. 列车抵达塞尔扣克的驼峰车站,经过驼峰后,其他列车加入，共同组成一列沿哈德逊河东岸开往布朗克斯橡点车场的火车。这班列车只在夜间行驶，与大都会北方铁路共用轨道，必须在早上四点半早高峰开始前离开巴豆 - 哈莱。

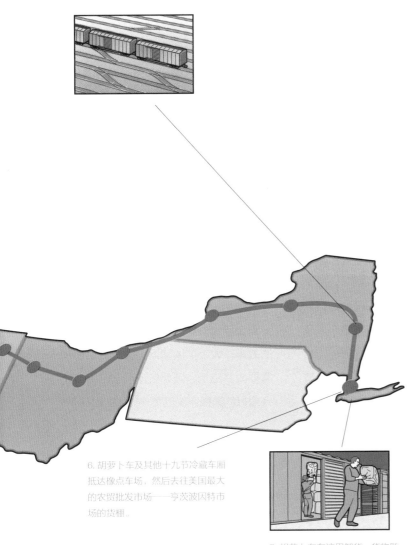

6. 胡萝卜车及其他十九节冷藏车厢抵达橡点车场，然后去往美国最大的农贸批发市场——亨茨波因特市场的货棚。

7. 胡萝卜车在这里卸货，货物随后配送到收货人手中。车厢回到西海岸时，可能是空车，也可能装满了送往西部的货物。

"大牛奶车"

直到今天，铁路货运爱好者还会带着喜爱之情回想起"奶车"——在过去，这种列车每天要从纽约上州农场往整个纽约地区运送近一百万加仑牛奶。"奶车"用隔热车厢（夏天则装满冰块）将牛奶罐运送至本地区的"牛奶车场"。其中三列奶车的终点站是曼哈顿西侧的第 60 街牛奶车场，途经布朗克斯农产品集散市场和曼哈顿第 130 街牛奶车场时，它们也会卸下部分货物。第四辆奶车的终点是新泽西的威霍肯。这些列车一般在下午从乡下出发，于凌晨抵达市区。

二十世纪末，专门存放牛奶的罐车取代了奶罐：旅程开始前，预冷过的牛奶先被灌入六千加仑容量的罐车，抵达终点时再用泵抽入接货的货车，然后运送至工厂进行巴氏消毒。虽然罐车运货比过去便捷，但仍然比不上货车。到了二十世纪五十年代，高速公路建设得更完善，货车从乡间奶站到城市配送点的运输更为直接迅速，"大牛奶车"的时代一去不复返了。

纸浆纸板　　　　新鲜洋葱　　玉米淀粉　　木材

海 运

纽约之所以成为商业中心，极大一部分归功于其靠近航线的优越地理位置。它位处世界上最大的天然海港，身后又有一条大河，所以海上贸易在十八世纪促进了这座年轻城市的繁荣，又在十九世纪令其跃居美国重要城市的地位。一八二五年伊利运河开通，巩固了纽约的商业地位，到一八六〇年，美国近一半的贸易都需要经过纽约港。

在将近一世纪的时间里，曼哈顿都是海上贸易的中心。曼哈顿的前身是南街的大小码头，邮船和其他货运轮船都聚集在这里。码头沿岸商业繁荣，给贸易提供了便利，码头工人也在附近定居下来。很快，船舶运输业的网络，以及水运所需的错综复杂的突堤式码头[1]网络扩展到了曼哈顿西区、布鲁克林、霍博肯以及泽西市海滨地区。

这些突堤式码头是城市的生命线，

西区水滨，约一八六九年。

在战争时期则是国家的生命线。二战期间，纽约港约有七百五十个突堤式码头，可同时供四百二十五艘远洋轮船停泊。但不过两代人的时间，它们就几乎消失殆尽。最大的原因是发明于二十世纪五十年代的集装箱，它们带来了极高的效率，大大扩展了海上贸易。集装箱需要大片空地，因此新泽西的沼泽死水是理想的选择，仅仅在一代人的时间里，海滨的热闹喧哗就变成了纽约人的记忆。

自那以后，纽约的海上贸易获得了极大增长，每年有超过八千万吨的货物进出港口，但已经不像过去那样引人注目了。这些货物大多集中在新泽西的纽瓦克－伊丽莎白港，该港口占地二千一百英亩，坐落在纽瓦克机场以东。另有斯塔滕岛的纽约集装箱码头、布鲁克林的红钩集装箱码头以及新泽西的许多私营码头作为补充，这个复杂的网络成了纽约地区的经济生命线。

[1]指前沿线与自然岸线成较大角度的码头。

纽约港

　　今天纽约港依然是纽约最重要的财富之一。它有长达六百五十英里的海岸线，从新泽西桑迪胡克水道沿岸向北，覆盖了纽瓦克湾和哈德逊河、东河的轮廓。虽然是天然海港，但水深并不是天然的——哈德逊河、哈肯萨克河、帕塞伊克河的泥沙沉淀使其天然深度为十八至二十一英尺，所以海港必须使用预定的、人工维护良好的航道和泊位。

全球海运码头
新泽西巴约纳的一家私人集装箱码头。

纽瓦克－伊丽莎白港
本地区诸多货运的目的地，靠斯塔滕岛北部的范库尔水道连接。

帕塞伊克河

哈德逊河

东河

哈肯萨克河

布鲁克林海运／红钩集装箱码头
位于总督岛对面，在布鲁克林的红钩区。

纽瓦克湾

纽约湾

自由女神像
纽约港的官方中心，以此为中心，"港区"半径为二十五英里。

范库尔水道

纽约集装箱码头
原名为"豪兰胡克"海运码头，位于斯塔滕岛北岸。也处理不用集装箱运输的货物。

亚瑟水道

安布罗斯水道

桑迪胡克水道

海 运

进入海港

　　每年有超过一万两千艘船进出纽约港，其中百分之四十是油船或"杂货船"，运送原油或精制石油产品。还有百分之四十五载满集装箱，其目的地是本地区的仓库或集散中心。其余为散装船（把货物分为更小的不用集装箱的单位），一般运送单一的物品，如铁、钢或林业产品。除了去往亚瑟水道码头的油船，几乎所有的船都要在韦拉扎诺海峡大桥下方驶过，这也是纽约港的非正式入口。

　　从韦拉扎诺海峡大桥下方通过，只是现在货运船只抵达纽约港前必经的几个棘手程序之一。纽约港有些地方的海底是柔软的材料，如沙、泥、黏土等，有些地方的海底则是岩石。急转弯、湍急的水流以及密布的礁石浅滩意味着只有训练有素的引航员才可以引导大型船只进入海港，即使是资历最老的船长，到达纽约水域时，也必须将方向盘交给桑迪胡克水道的引航员。

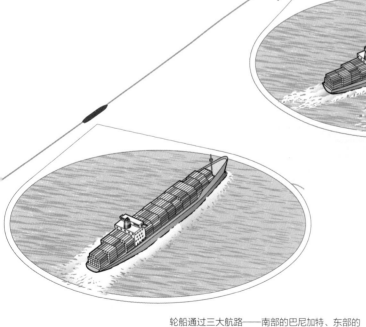

向码头前进

船长将控制权交给引航员，经过韦拉扎诺海峡大桥入港。

离岸停泊的引航船派出一艘小艇，桑迪胡克的引航员爬上绳梯，登上将要进港的轮船。

轮船通过三大航路——南部的巴尼加特、东部的哈德逊或北部的楠塔基特抵达。

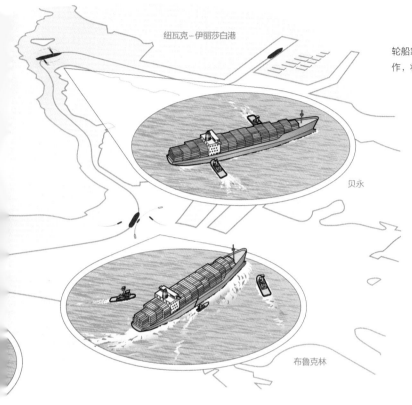

纽瓦克–伊丽莎白港

贝永

布鲁克林

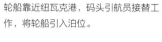
轮船靠近纽瓦克港，码头引航员接替工作，将轮船引入泊位。

拖船来到轮船旁边协助轮船进行急转弯，渡过巴约纳和斯塔滕岛之间的范库尔水道。

看不见的引航员

　　一六九四年，殖民地议会委托一批当地海域的船长协助船只驶入纽约港，自此引航员就一直肩负着引导船只通过纽约港危险水域的重任。纽约和新泽西不同的引航公司原先都使用桨和帆来引航，并且彼此竞争引领进港船只的业务。一八八八年的一场悲剧性事故，迫使纽约州将本地的引航公司联合起来；七年后，纽约和新泽西的引航组织合并，桑迪胡克引航协会诞生了。

　　一个多世纪后的今天，桑迪胡克协会依然垄断着引航生意。约七十六名引航员轮流驾驶着两艘大引航船中的一艘，二十四小时在桑迪胡克海岸附近工作，平均每天协助三十五至四十艘进出码头的船。所有人员都受过良好的训练，先做七年学徒，再做七年副引航员，才能正式成为引航员。

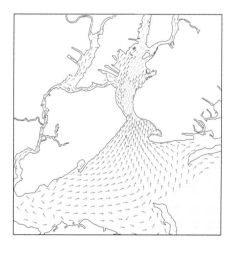

监控浪潮
纽约港水流的速度和深度在码头各处和一天的不同时段都不尽相同。美国商业部的国家海洋局利用模型为海员提供相关信息，协助其控制航行时间、选择路线。这个三维模型依据实时风速和水位信息预测纽约港数千个地点的水位和水流情况。

→ <0.3 节 ①
→ 0.3 – 0.6 节
→ 0.6 – 1.0 节
→ 1.0 – 1.3 节
→ >1.3 节

① "节"为航速和流速单位，1 节＝ 1 海里／时。

海 运

纽约港交通管理

曾由纽约运输部管辖的美国海岸警卫队现属国土安全部，负责检测、协调纽约的码头交通，这主要通过大本营位于斯塔滕岛沃兹沃思堡的二十四小时轮船交通服务机构实现。机构工作人员有普通民众，也有军方人员，通过三个电台收集并传播船舶运动信息：

11 频道：用来登记从停泊区起航或驶入码头的船。

12 频道：服务区域是亚瑟水道和东河，海岸警卫队用它来管理码头的泊地。

14 频道：覆盖了驶入主航道的船只，包括上下纽约湾、范库尔水道以及桑迪胡克水道。

除了协调船只活动，海岸警卫队还监测管理船只在码头的"停泊"，监管范围是联邦政府指定的位于布鲁克林外的湾脊、格拉夫森德码头以及斯塔滕岛外的斯台普顿的三个泊地。船到达泊地前四天就要通报，获准停泊的时间也有限，一般是三十天。

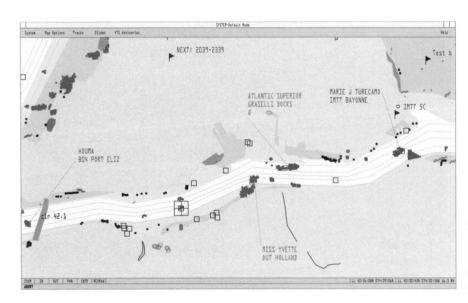

海岸警卫队轮船服务机构全天二十四小时监测码头船只的地点和目的地。屏幕上标绿的轮船运输一般货物；标红的轮船运输石油等危险物品。

码头内月交通量

1 条船 = 100 艘

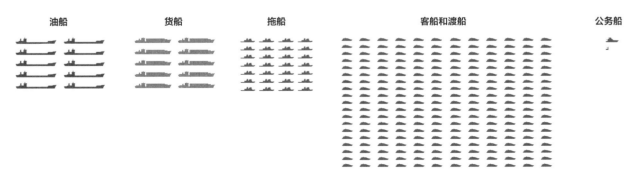

| 油船 | 货船 | 拖船 | 客船和渡船 | 公务船 |

轮船种类

　　没有经过专门训练，一般人无法辨识纽约港海域的货船。虽然人们常常见到或停泊或航行着的轮船，但极少有人能分辨出货船的种类。商业船只的设计符合"形式追随功能"这一理念。轮船的设计目标是实现容量最大化，且便于装卸工作。

纽约港的"役马"

　　即使是对航海不熟悉的人，也知道纽约港货物流通的背后，有拖船作为"役马"。人们经常会看见重负荷拖船牵引或推动着没有动力的散装平底船驶往哈德逊河或东河上游。但鲜少有人知道，即使最新最快的货船也需要拖船协助，才能在纽约港主要航道的某些部分急转弯。

　　一个多世纪以来，两大爱尔兰家族——莫兰和麦卡利斯特家族主导了纽约的拖船生意。二者均在十九世纪下半叶开始做小规模家庭生意，现在都是东海岸牵引运输业的巨头。虽然业务的地理范围有了扩张，但依然固定在纽约港经营：现在有十六艘莫兰拖船和二十艘麦卡利斯特拖船（一千七百五十马力至六千三百马力）二十四小时在纽约港工作。

冷藏船
冷藏货物用冷藏船运输，旅途中可以实现温控。运输货物包括易腐烂的肉类、水果等。

挖泥船
不管什么时候，纽约港都有很多种类大小不一的挖泥船，进行维护性疏浚或码头加深工作。

集装箱运货船
过去一般是在货船或改装过的油船甲板上堆放集装箱。现在有了专为集装箱制造的运货船，甲板上下可以运输多达五千个集装箱。

汽车运输船
汽车运输船独特的设计，使得汽车运载数量达到最大。开门设计和出口坡道的设计则能让码头工人尽快开着新车下船。

油船
油船在纽约港很常见，往返于本地的石油储备设施。

散装货船
散装货船运输散装商品，从香蕉、林业产品到纸张及咖啡等。

海运

海港维护

　　如果不加维护，纽约港很快就会淤塞，这样货船和巡航船就会去其他海港。为了避免这种状况，并维持安全的航道水深，纽约港各处全年都要进行疏浚工作。陆军工程兵团平均每年都要从纽约港底移除二百三十万立方米的沉积物，大部分是污泥和沙子，也有黏土、岩石和冰碛物。

　　自十九世纪中期以来，海港维护一直是纽约的一大难题。从快速帆船到蒸汽船，再到如今的货船和远洋班轮，船的吃水越来越深，所以需要更深的航道。纽约港的入口安布罗斯航道在一八八四年首先被加深到三十英尺，由此开启了定期深挖工程。不仅是安布罗斯水道，港区内其他经常使用的航道也要定期深挖。

　　今天，深挖工程仍在持续，而纽约港正准备实施一项雄心勃勃的工程，要把安布罗斯、锚泊地、泽西港、亚瑟水道挖至四十至四十五英尺深，将范库尔航道挖至五十英尺。挖掘工程规模宏大，需要八十台浚挖机器——这是美国浚挖机集中数目最多的工程了。总耗资将超过二十亿美元，高昂的费用部分由联邦政府承担。同时工程也很复杂，大部分待挖的海底是岩石，需要先炸碎才能移除。

　　光是这项深挖工程就需要移除约四千万立方米的沉积

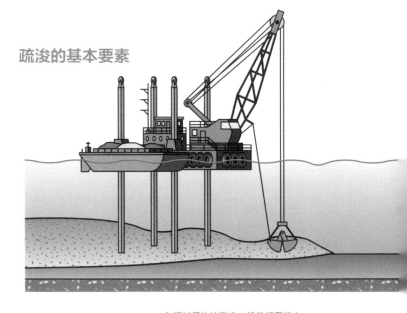

疏浚的基本要素

在相对柔软的海底，船载起重机上的挖斗挖走沉积物，倒入附近的平底船中，拉走后倒进处理场。

物。过去，这些沉积物会被运送到桑迪胡克南部的"淤泥垃圾场"（现命名为历史区修复地），现在人们则会先仔细检查污染物，再用更环保的方式处理。污染最严重的沉积物混合了水泥、粉煤灰，会被用作垃圾填埋场覆盖层。更干净的沉积物则会用来稳固海岸线、建造鱼礁或覆盖被污染的水下垃圾场。

随时间变化的海港深度

单位为英尺

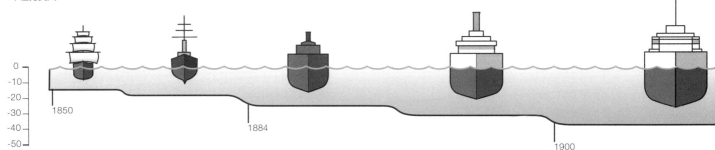

0
-10
-20
-30
-40
-50

1850　　　　　1884　　　　　1900

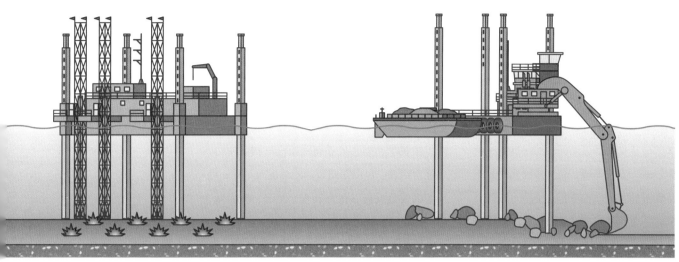

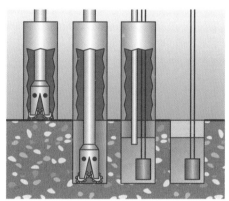

如果有岩石，就需要钻岩船，在指定深度的六英尺以下约十英尺宽的区域内钻洞，然后灌入液体炸药"波维克斯"。爆炸发生后，浚挖机收集松动的石块，再用调查船来确保航道新深度达标。

除了其他设备，纽约还拥有世界最大的船载浚挖机"霸王龙"。它的挖斗容积约为十立方米，可深挖至六十五英尺。浚挖机驾驶室的显示屏上可显示疏浚地区及附近的深度。

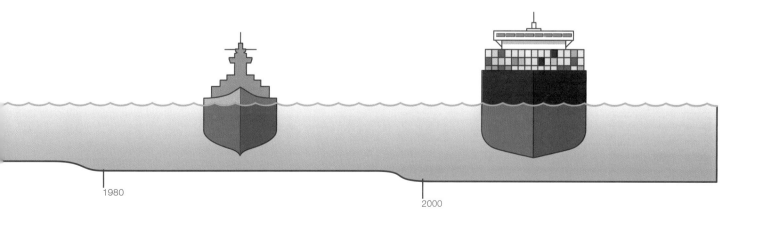

1980

2000

海运

港口

虽然纽约已不再是美国一枝独秀的贸易通道，按吨位计纽约港依然位居全国第三，仅次于洛杉矶和长滩，占据国家海上贸易的百分之十二。大部分货物都通过港务局的纽瓦克－伊丽莎白港运输。五十年前，集装箱时代的黎明时期，纽约港的面貌与如今相去甚远，在新泽西沼泽开拓占地两千英亩的码头的提议还被视作投机之举。几乎没有人想到，这片偏僻的死水会成为如今的国际贸易中心。

码头工作的核心是集装箱。约有一千二百英亩的土地用来装卸集装箱，包括集装箱的上下船、装车，或存贮集装箱以备装船或装车。除了集装箱，码头上还有两家汽车物流中心，一处食用油、食用脂肪液体处理设施，两处橙汁浓缩混合设施，还有石膏、水泥、废金属、盐等散装货物处理中心。此外，这里还有码头铁路设施，处理从内地往返于码头的货物，规模虽小，但运输量增长迅速。

海上贸易地图

中国是纽约港最大的贸易伙伴，占据近百分之二十的港口活动。意大利、德国、巴西和印度紧随其后。作为人口密集地区，纽约港的进口份额是出口的七倍。二〇〇四年，港口贸易的总估值为一千一百三十亿美元。

纽约

主要集装箱货运贸易伙伴

单位：20 英尺集装箱（TEU）

出口　进口

——	——	< 32500TEU
——	——	< 75000TEU
——	——	< 150000TEU
——	——	< 300000TEU

港口概观

仓库和分配
港口有仓储和分配区，包括为食品准备的冷藏仓库。

橙汁设备
港口有两处分开的橙汁混合设施。

制造设备
港口有多处制造设备，包括铜线生产厂和墙板生产厂。

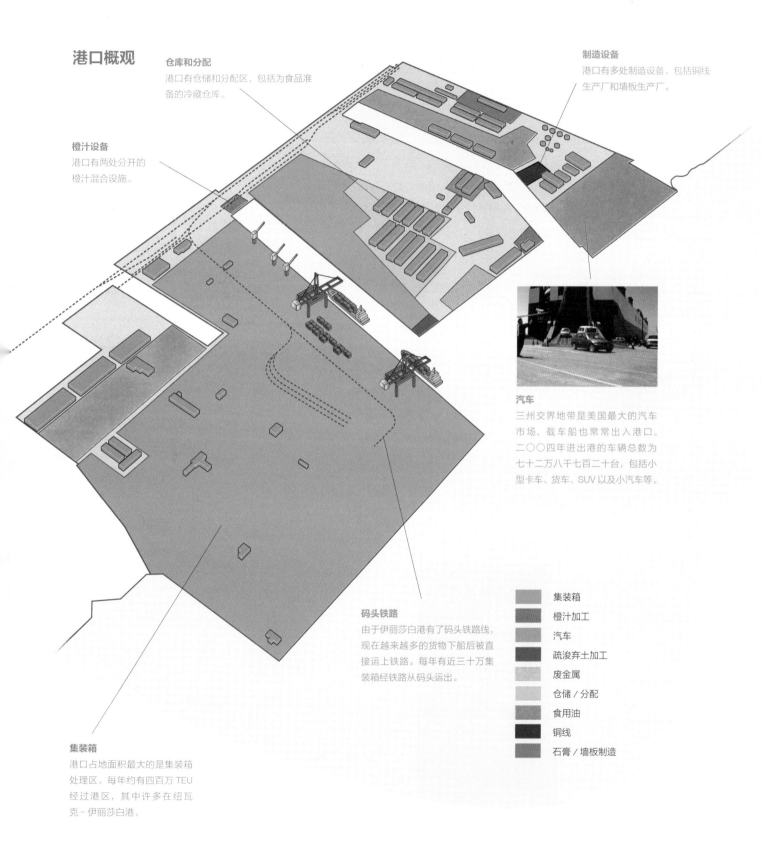

汽车
三州交界地带是美国最大的汽车市场，载车船也常常出入港口。二〇〇四年进出港的车辆总数为七十二万八千七百二十台，包括小型卡车、货车、SUV 以及小汽车等。

码头铁路
由于伊丽莎白港有了码头铁路线，现在越来越多的货物下船后被直接运上铁路。每年有近三十万集装箱经铁路从码头运出。

集装箱
港口占地面积最大的是集装箱处理区。每年约有四百万 TEU 经过港区，其中许多在纽瓦克－伊丽莎白港。

集装箱
橙汁加工
汽车
疏浚弃土加工
废金属
仓储／分配
食用油
铜线
石膏／墙板制造

海运

集装箱容量指的是集装箱能容纳的体积大小。容量或容积由内部长宽高相乘算出。

每个集装箱都有识别码，由表示所有者的四个字母和标示集装箱的七位数字组成。箱子内外都标有识别码。

为防止集装箱掉进海里，需要用一系列与横木系索相联的锁定螺栓将它们固定在一起。

集装箱的原材料一般是金属瓦楞板，以钢为主。底板则一般是木质。基本都由中国制造。

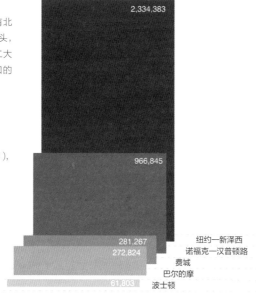

北大西洋码头对比
纽约－新泽西的港口拥有北大西洋最大的集装箱码头，处理的集装箱数量是第二大的诺福克－汉普顿路港口的两倍以上。

集装箱数目（单位 TEU），
2002—2003

2,334,383

966,845

281,267
272,824
61,803

纽约—新泽西
诺福克—汉普顿路
费城
巴尔的摩
波士顿

集装箱革命

二十世纪中期集装箱的发明带来了海上贸易的革命，极大地降低了运输成本，为制造业商品开辟了新的国际市场，吸引了新的贸易伙伴。但集装箱体系背后的技术却十分简单：只需要一个钢盒子，二十或四十英尺长，八英尺宽，八点五英尺高。因为这个盒子可以自由地实现从火车到卡车，或者从卡车到火车到轮船的移动，同时不会影响到箱内物品，所以它的发明大大减少了搬运海运商品的劳动力成本。

豪兰胡克的新生

大多数纽约人不知道的是，纽约市的集装箱码头并非只有一处，而是有两处。第一处是布鲁克林的红钩集装箱码头，位于总督岛对面，坐在斯塔滕岛渡轮等码头轮船上常常能看到。第二家是纽约集装箱码头，坐落于斯塔滕岛西北海岸，大多数市民却不了解。

后者原名为豪兰胡克，一度是美国班轮公司引以为豪的总部，公司创始人是集装箱的发明者马尔康·马克林。但因公司扩建严重，开销过度，于一九八六年破产，码头也闲置了十年之久。一九九六年它由

最早的集装箱使用"船上起重设备"——永久性安装在甲板上的升降台——在码头和轮船间移动。这节省了在每个停靠港安装升降台的费用。但随着货运量增加，人们需要新的方式让船体在装货过程中保持稳定。解决方法就是岸上升降台，这些升降台可以沿着船体移动，收取或装载集装箱。轮船在变化，升降台也随之变化，当今的升降台可以提升重达八十吨的集装箱，臂长可覆盖二十排集装箱。其运行速度也很快，最快的升降台每小时可以运送五十至六十台集装箱。

集装箱升降台

船至岸集装箱升降台
这种橡胶轮起重台广泛应用于将集装箱从船上移入移出。一般来说，这种升降台沿着码头边缘装着的轨道移动。

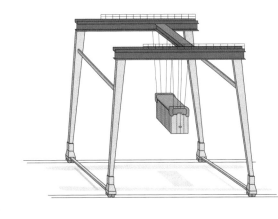

装有铁轨的起重台
装有铁轨的起重台用于高密度堆放操作。其通过缩小集装箱间距来实现集装箱码头效率的最大化。

港务局重整旗鼓，现在已化身为纽约集装箱码头。港务局和纽约集装箱码头共投资七千万美元重启其设备，现在又追加投资三点五亿美元建造新锚位、升降台和铁路车场等。如今该码头是斯塔滕岛上雇用员工最多的单位。

船上起重设备
有些地方的货物由船上起重设备抬离码头，放上船体。

空 运

在大都市地区，空运是笔大生意，但它不比货运火车和轮船贴近人们的生活。每年，约二百六十万吨总价值超过一千四百亿美元的空运货物经过纽约地区的三大机场，创造了八万五千个工作岗位和九十亿美元的经济收入。肯尼迪机场、纽瓦克机场和拉瓜迪亚机场一共承担了美国百分之二十五的空运进口和百分之十七的空运出口业务。其中极大部分是国际贸易，很多是高价值产品或不适合航运的易腐烂商品。

空运行业可以追溯到二十世纪四十年代末，当时港务局接手了本地三大机场：拉瓜迪亚、纽瓦克和爱德怀德机场（现在的肯尼迪机场）。当时促进空运行业发展最大的是柏林空运计划（一九四八年夏到一九四九年五月），该计划为被封锁的西柏林运送了数十万吨食物和数百万吨煤炭。柏林空运的规模在人类空运史上是史无前例的。

早期的空运活动是劳动密集型的，装载的货物每次先运送到飞机上，然后用帆布条和网兜固定。和海运业类似，集装箱运输迅速改变了行业行态：集装箱能更好地利用机舱空间，保护货物免受损坏和偷窃。除了引进飞行更快、空间更大的喷气式飞机以外，新技术的使用也让空运更适合运送高价和易腐烂商品。

空运业的迅速发展给机场现有设施带来了巨大压力。陈旧的仓库无法应对产业的扩张，于是货运公司和机场运营商开始协作修建新的空运设施。从六十年代末到七十年代末，在肯尼迪等机场、承租人合用的陈旧建筑被夷平，建起了各货运航线的专用航站楼。

除了航站楼以外，还得设计出新型集装箱装卸设备。这种设备可以从机前、

自从一九四二年在爱德怀德机场的基础上改建全城最大的机场以来，货运设施就处于不断的扩建中。

机头或机身靠后的门装卸货物。不论是用货盘还是集装箱运输，装卸速度的提高和工时的减少都是成功装卸的关键。

近些年来，纽约——尤其是肯尼迪机场——是货物空运进入北美的第一通道。但是联邦快递等综合货运公司的崛起给行业带来了巨变。这些货运公司控制着从客户投下包裹到收件人签收的整条物流链。它们将主要分类车间建立在劳动力和机场容量相对廉价的地方，比如孟菲斯等地。

综合货运公司的崛起影响着地区机场间的平衡。随着联邦快递和UPS快递等在纽瓦克机场建立设施，纽瓦克机场在货运方面已经和肯尼迪机场平起平坐。本地区的其他地方，货运业务的发展也超出了机场范围，比如，不少航空货运公司在皇后区的春田花园建立总部，获利颇丰。

航空货运量

特快快递和隔夜快递的迅速发展改变了美国很多大型货运机场的命运。肯尼迪机场一度是国家航空货运的首要通道，处理一半的空运货物。今天它的市场份额已经减半，并且排在孟菲斯、安克雷奇、洛杉矶、迈阿密机场之后。

航空货运量（2004）

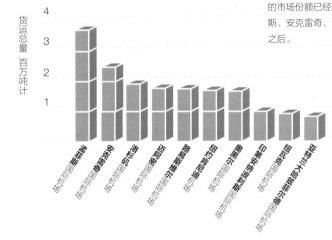

航空货运历史量

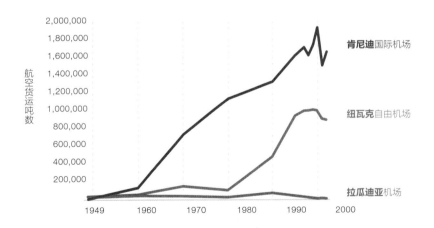

空 运

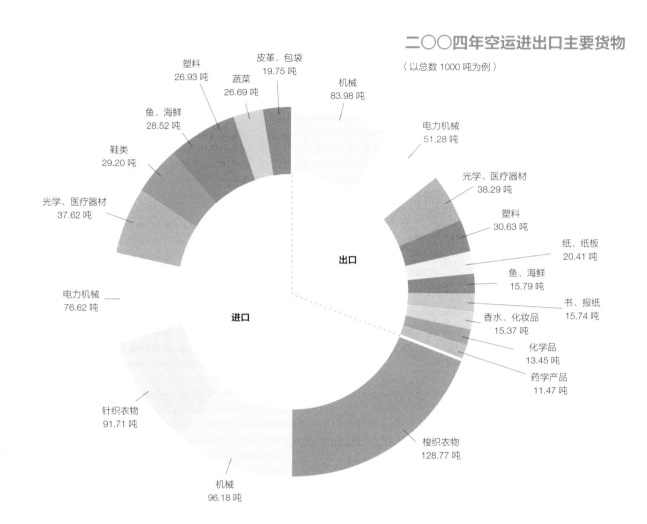

二〇〇四年空运进出口主要货物

（以总数 1000 吨为例）

塑料
26.93 吨

皮革、包袋
19.75 吨

蔬菜
26.69 吨

机械
83.98 吨

鱼、海鲜
28.52 吨

电力机械
51.28 吨

鞋类
29.20 吨

光学、医疗器材
38.29 吨

光学、医疗器材
37.62 吨

塑料
30.63 吨

纸、纸板
20.41 吨

出口

鱼、海鲜
15.79 吨

电力机械
76.62 吨

书、报纸
15.74 吨

进口

香水、化妆品
15.37 吨

化学品
13.45 吨

药学产品
11.47 吨

针织衣物
91.71 吨

梭织衣物
128.77 吨

机械
96.18 吨

商品

　　什么样的东西需要空运？最简单的答案就是，世界上最昂贵、最需要小心处理的东西——比如大师画作、钻石、赛马。在这些货品而言，时间就是金钱，空运比一般船运要少花几周时间。安全也同样重要：虽然有了集装箱以后，海运中的偷盗和损坏情况减少了很多，但依然比空运要频繁得多。

　　纽约港承担了美国百分之八十三的钻石进口、百分之五十五的艺术和古董进口、百分之四十七的香水和化妆品进口。出口方面，美国三分之二的生鲜龙虾、百分之四十的海鲜都是从纽约空运出去的。最近涌现的新奇货物还有雏鸡、直升机以及航天器零部件等。

空运设施

现在纽约地区的空运业务主要由肯尼迪机场和纽瓦克机场承担，后者成为联邦快递和 UPS 快递等很多大型综合货运公司的基地。（拉瓜迪亚机场占据少量市场份额，主要是短中程国内航班。）上千家货运公司使用着三家机场中的至少一家，雇用了约一万五千名职业货运人士。三者当中，

肯尼迪机场是最大也最多样的货运中心。它的航空货运中心有三十多座货物处理和货物服务大楼，以及一处联邦邮局。肯尼迪机场的航空货运公司包括美国、汉莎、大韩、达美、韩亚和极地航空货运公司等，而且相关设施还在扩建。自一九九二年以来，机场增加了约一百三十万平方英尺新仓库。

肯尼迪机场概观

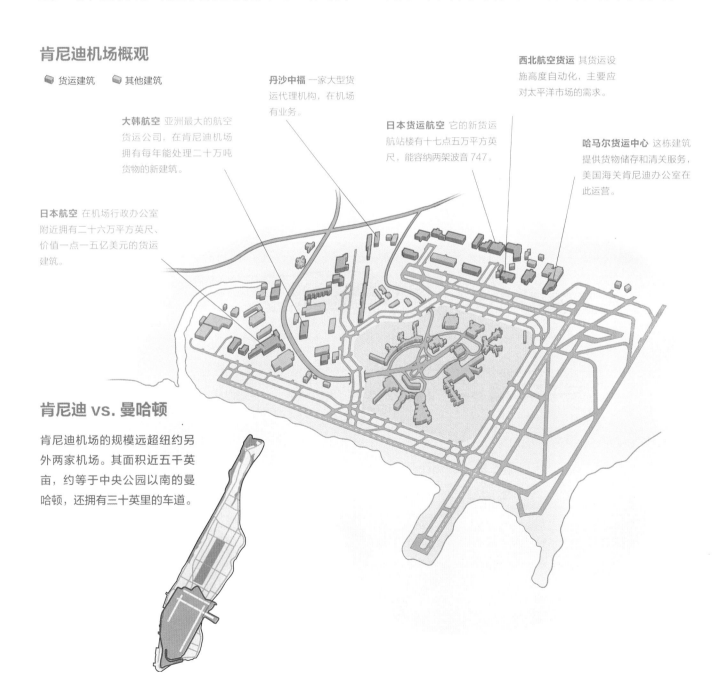

🍈 货运建筑　　🍈 其他建筑

丹沙中福 一家大型货运代理机构，在机场有业务。

西北航空货运 其货运设施高度自动化，主要应对太平洋市场的需求。

大韩航空 亚洲最大的航空货运公司，在肯尼迪机场拥有每年能处理二十万吨货物的新建筑。

日本货运航空 它的新货运航站楼有十七点五万平方英尺，能容纳两架波音 747。

哈马尔货运中心 这栋建筑提供货物储存和清关服务，美国海关肯尼迪办公室在此运营。

日本航空 在机场行政办公室附近拥有二十六万平方英尺、价值一点一五亿美元的货运建筑。

肯尼迪 vs. 曼哈顿

肯尼迪机场的规模远超纽约另外两家机场。其面积近五千英亩，约等于中央公园以南的曼哈顿，还拥有三十英里的车道。

空运

装载方法

　　约有一半进出纽约地区的空运货物装载在客机机腹里运输，和乘客的行李一样。其他的则由专门货运飞机"货机"运载。除少数例外，货物都是用集装箱装载，这些集装箱设计时被削掉了边角，以适应飞机较低的内舱。还有各种集装箱装载方法，将装载过程中的人工劳动量最小化。

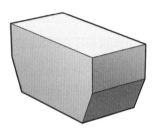
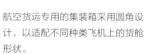

航空货运专用的集装箱采用圆角设计，以适配不同种类飞机上的货舱形状。

一些货物使用货盘运输，货盘一般安置在运输机或载客飞机的上层或下层。

航空货运体系的构成

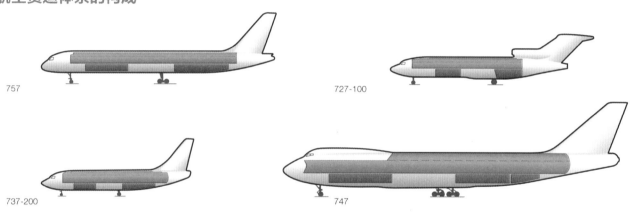

757

727-100

737-200

747

特快货运

过去十年中，快递包裹占据了纽约及美国其他地区空运市场的巨大份额。单单联邦快递就占据了足足四分之一的地区运货份额，UPS 快递约占百分之六。在纽瓦克机场，这些综合货运公司绝对主宰着空运市场，占据了机场货运业务份额的百分之六十六。

联邦快递的纽瓦克公司二十四小时工作，每天处理约四十万个包裹。早上处理出航的航班，晚上处理归航的航班，效率极高；它的员工可以在一小时内让一架飞机调转方向。机场附近有常用零件库，尽量减少将机械问题造成的延误时间，因此很少有飞机延迟起飞。

联邦快递的日常

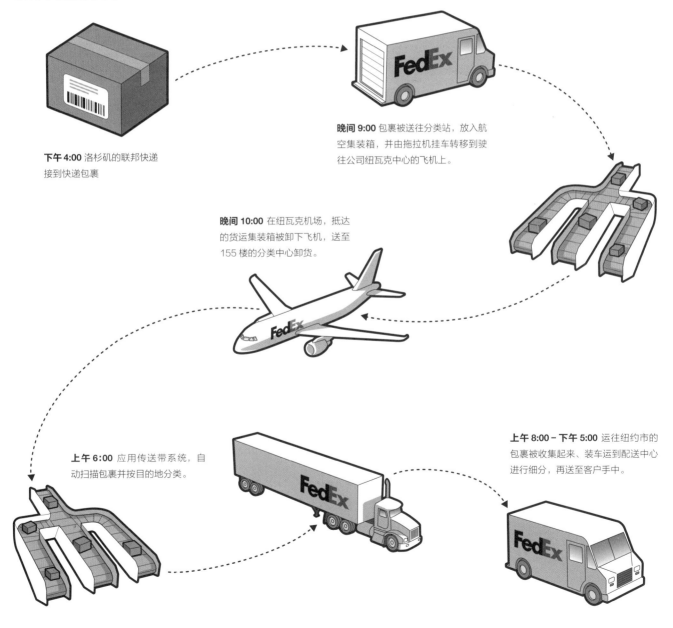

下午 4:00 洛杉矶的联邦快递接到快递包裹

晚间 9:00 包裹被送往分类站，放入航空集装箱，并由拖拉机挂车转移到驶往公司纽瓦克中心的飞机上。

晚间 10:00 在纽瓦克机场，抵达的货运集装箱被卸下飞机，送至 155 楼的分类中心卸货。

上午 6:00 应用传送带系统，自动扫描包裹并按目的地分类。

上午 8:00 - 下午 5:00 运往纽约市的包裹被收集起来、装车运到配送中心进行细分，再送至客户手中。

市 场

市 场

　　自一六二四年作为商栈成立以来，纽约一直是一座贸易与市场之城。十七世纪最早的市场中处处是曼哈顿下城区的手推车，它们售卖蔬菜、肉类和当地农场的乳制品。一八一二年，为了缓解市中心的交通堵塞，纽约在华盛顿街、富尔顿街和维希街交界处成立了第一家真正的批发市场——华盛顿市场。华盛顿市场在二十世纪上半叶一直相当繁荣，但交通拥堵损害了它的竞争力，最终于一九五六年倒闭。

　　批发市场也在纽约外区兴起。布鲁克林最大的农贸市场沃尔巴特市场开设于一八八四年，靠近布鲁克林海军造船厂。该市场收购了一家干船坞之后，重新开在了卡纳西，至今仍在营业。

　　二十世纪二十年代，布朗克斯建成了本区第一个集散市场。布朗克斯集散市场位于迪根主公路沿线，后者坐落在东 149 街和扬基体育馆旁的麦库姆斯坝桥之间，是蔬菜水果的接收点。它至今仍在运营，不过生意减少，而且可能让位于综合房地产开发项目。

　　历史上，大型农产品市场还有肉类市场作为补充。至今尚存的有亨茨波因特及两家规模稍小的肉类市场——位于布鲁克林海滨的布鲁克林肉类批发市场以及格林威治村的甘斯沃尔特肉类市场。布鲁克林肉类批发市场原址在格林堡，搬迁后分散在两座建筑中，占地面积达十五万平方英尺。

甘斯沃尔特肉类市场，从华盛顿街向西望，一八八五年。

制作水果沙拉

纽约地区从世界各地进口水果。进口量最大的水果是香蕉，主要来自厄瓜多尔。

贸易重量，以千吨为单位

- 新鲜或风干的椰子，巴西坚果、腰果
- 新鲜或风干的葡萄
- 新鲜或风干的椰枣、无花果、菠萝、鳄梨等
- 新鲜或风干的柑橘类水果
- 新鲜的苹果、梨、榅桲
- 新鲜或风干的香蕉和芭蕉

香蕉的渠道

纽约五大区几乎每个街角的熟食店都能买到香蕉。在曼哈顿的高级食品店，香蕉能卖到二十五美分一根；外区的街边摊贩的要价则低得多。但是，不论价格是多少，这些香蕉很可能产地相同，乘同一艘船来，并在同一家码头待过。

每年纽约要消费一亿根香蕉。其中大部分生长于中美或南美的种植园，由冷藏船运进纽约港。这些香蕉最大的入境站之一，是坐落于斯塔滕岛北岸的纽约集装箱码头，还是青色的香蕉就在此卸载，以便运输至批发商处。

在批发商的经营场所（很多是在亨茨波因特市场内），香蕉被送往"催熟房"，在五十八华氏度均温的条件下储存。从那里，它们会在不同的成熟阶段被卖给零售店：大型零售店可能喜欢半青半熟，小商店喜欢卖得快的全熟香蕉。催熟过程一般需要五至八天。

市 场

甘斯沃尔特肉类市场的历史可追溯到二十世纪初期，其核心由二百五十间屠宰场和包装工厂构成。今天这里依然存在十几家肉厂，它们不怎么搭调地坐落在画廊、时装店和深夜俱乐部的旁边。

它们和纽约市三家最著名也最大型的市场——亨茨波因特集散市场、肉类市场和富尔顿鱼类市场——相比算是小巫见大巫。亨茨波因特不只是个普通的市场，还是全国最大的批发食品分销中心。这座综合市场占地三百二十九亩，囊括了亨茨波因特集散市场、一家合作的肉类市场、规模更大的"食品分销中心"以及各种私营食品分销商和批发商。它每天通过陆路、水路和铁路进货，为三州地区约一千五百万客户提供服务——光是在纽约市，其客户就有一万七千家餐馆和近三千四百家街头摊贩。

富尔顿鱼类市场原先位于南街海港，后来由于新联邦法规禁止露天销售鱼类，它于二〇〇五年搬进了布朗克斯区一栋占地四十三万平方英尺的大楼，成为亨茨波因特综合市场的一部分。但这次搬迁并没有降低它作为鱼类贸易场所的人气：它的四十家批发商现在每年销售约二点二亿磅（三百种）鱼肉，使其成为仅次于东京的世界第二大鱼类贸易中心。

大都会市场

布朗克斯集散市场
是纽约市第一家集散市场，建于二十世纪二十年代，比亨茨波因特拥有更多的民族食品，就环境而言像零售商。

甘斯沃尔特肉类市场
虽然今天只有十余家商户，但是一世纪前处于鼎盛时期时，拥有近二百五十家屠宰场和包装厂。

布鲁克林肉类市场
坐落于第一大道和 56 街，于二十世纪七十年代从格林堡搬来此地。

布鲁克林集散市场
原来叫作沃尔巴特市场，与布鲁克林海军造船厂相邻。当时是布鲁克林最大的农贸批发市场。二战开始后，海军造船厂扩张，市场关门。

富尔顿鱼类市场的一晚

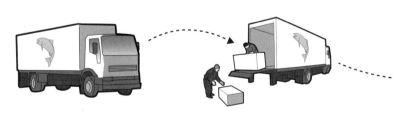

晚上九时至深夜，约五十万磅重的鱼装在八十多辆货车里抵达了市场。其中近百分之四十的货是通过肯尼迪机场空运而来的。

抵达市场后，登记过的卸车工将鱼从货车卸下装好。大型的货物可能花上一小时才能卸完。

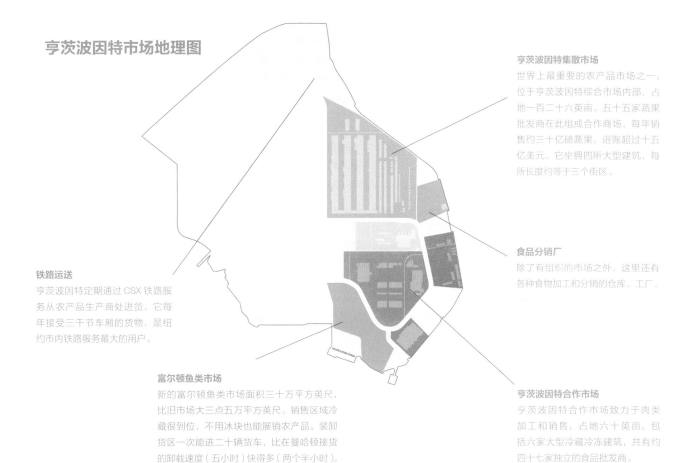

亨茨波因特市场地理图

亨茨波因特集散市场
世界上最重要的农产品市场之一，位于亨茨波因特综合市场内部，占地一百二十六英亩。五十五家蔬果批发商在此组成合作商场，每年销售约三十亿磅蔬果，进账超过十五亿美元。它坐拥四所大型建筑，每所长度约等于三个街区。

食品分销厂
除了有组织的市场之外，这里还有各种食物加工和分销的仓库、工厂。

铁路运送
亨茨波因特定期通过 CSX 铁路服务从农产品生产商处进货。它每年接受三千节车厢的货物，是纽约市内铁路服务最大的用户。

富尔顿鱼类市场
新的富尔顿鱼类市场面积三十万平方英尺，比旧市场大三点五万平方英尺。销售区域冷藏很到位，不用冰块也能展销农产品。装卸货区一次能进二十辆货车，比在曼哈顿接货的卸载速度（五小时）快得多（两个半小时）。

亨茨波因特合作市场
亨茨波因特合作市场致力于肉类加工和销售，占地六十英亩，包括六家大型冷藏冷冻建筑，共有约四十七家独立的食品批发商。

从晚十时到约凌晨一时，鱼被送往批发商处。有些批发商会在展卖前将鱼切片。

约凌晨三时至六时，零售商陆续抵达。一晚可以有多达六百家零售商来寻找质优价廉的鱼。每家一般在这里停留三小时。

零售商买好鱼后，登记过的装车工替其将鱼装车。装车工最忙碌的时间是凌晨四时至七时。

第三章
能 源

电灯、电脑、电话都需要能源。垂直发展的纽约比大多数城市都更依赖能源——大楼电梯、公共交通、冬季供暖、夏季制冷等等。纽约每年的耗能相当于整个希腊的耗能，并且还在增长。

我们的能源基础设施绝非只有城市海滨的发电厂；没有煤气管道，发电厂及很多工业企业都无法运作；能源网络延伸到纽约州的最北部，因为虽然市内可以发电，但也有大量电力来自州电网。曼哈顿还有世界上最大的中央蒸汽系统。

电力

电力

很多人都知道纽约是"不眠之城"，灯光一直照耀至晨曦来临，地铁永远轰隆运行。纽约能源基础设施需要维护的可不只是这些，还有约五百万台空调、七百万台电视机、九百万部手机和两百万台个人电脑，它们全都依赖于纽约市源源不断的能源供应。

从很多意义上说，纽约都是电力的诞生地。一八八二年九月四日，在获得新电灯专利两年之后，托马斯·爱迪生开始运营新珍珠街发电站的纽约爱迪生电力照明公司。这个电站只为曼哈顿下城区的少数几家大楼供电，一台发电机发的电仅够八百盏灯泡使用，但它证明了中央发电和配电可行可靠，且相对于当时的煤气照明有价格优势。《纽约时报》报道新的灯光"温柔、柔和，使眼睛舒适"。

一百多年后的今天，纽约市能源网络已经成了现代工程学的奇迹。发电厂输送的高压电由三万三千台变压器降压，再通过世界上最大的地下电缆系统进行输送——地下电缆长达八万英里，足够绕地球三圈半。通过遍布全城的二十五万个电力检修孔，可以看到这些电缆。

纽约的输电系统不仅最为庞大，而且最安全。纽约市输电设施的安全程度是美国平均水平的十倍，这归功于其可靠的后援系统以及各社区的多种供电装置。市内断电情况极少；即使发生，一般也是数百乃至数千英里以外的事故导致的。

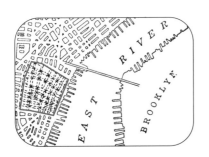

一八八二年，纽约爱迪生电力照明公司（爱迪生联合电气的前身）点亮了商业区珍珠街区一平方英里的区域。

第一台成功的发电机是"巨无霸一号"。其重达二十七吨，于一八八一年建于纽约市爱迪生机械公司。

耗能

不论在什么季节，纽约市每天都要消耗大量电力。它在夏季的高峰负荷是一点一万兆瓦（一兆瓦相当于一千户的用电量），所以它的耗电量可以与不少国家相提并论——比智利、葡萄牙略多，比瑞士、奥地利略少。

虽然纽约整体耗电量惊人，纽约居民就个体而言耗电量却不大。纽约人均耗电两千千瓦时／年，而美国人均耗电为四千千瓦时／年。即使是在爱迪生联合电气的服务范围内，差异也很明显：韦斯特切斯特的普通家庭每月耗电四百五十千瓦，而纽约家庭人均耗电仅三百千瓦。

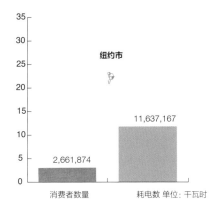

纽约市

2,661,874　　11,637,167

消费者数量　　耗电数 单位：千瓦时

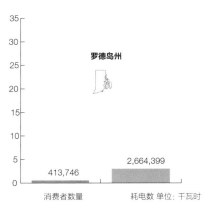

罗德岛州

413,746　　2,664,399

消费者数量　　耗电数 单位：千瓦时

耗能比较

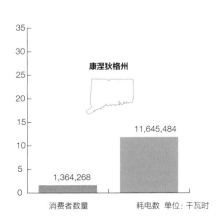

康涅狄格州

1,364,268　　11,645,484

消费者数量　　耗电数 单位：千瓦时

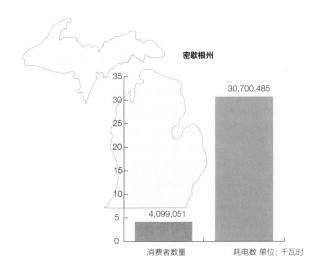

密歇根州

30,700,485

4,099,051

消费者数量　　耗电数 单位：千瓦时

电 力

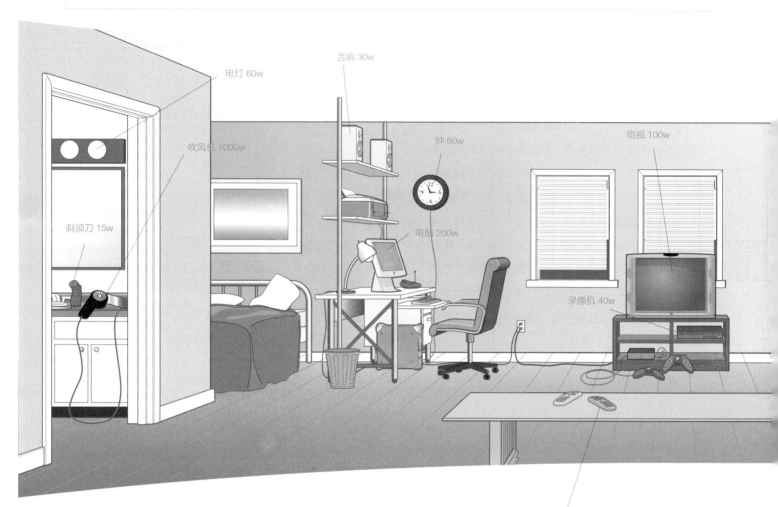

电灯 60w

音响 30w

吹风机 1000w

钟 60w

电视 100w

剃须刀 15w

电脑 200w

录像机 40w

遥控

最不起眼的耗电电器之一就是"遥控器"。有遥控开关和有"睡眠"状态（比如很多电脑）的电器，不论看起来关没关，一般都没关。遥控器其实不能真正开关某个设备，只能激活一直开着的"迅速开启"装置。所以，遥控控制的电器即使在"睡眠"状态下也会耗电。

　　纽约市对能源的需求量很大，而且还在增长。过去五年中，市内高峰用电量的年均增长速度在百分之一至百分之二间，增长额超过八百兆瓦。这一趋势不降反增：最新研究表明，到二〇〇八年，纽约还需要增加两千六百兆瓦供电量。

　　纽约城耗电量如此之大，部分是由于其独特的城市生活方式——严重依赖地铁和电梯，还因为家用电器和电子通信设备耗能巨大。比如空调，它在过去十年中数目激增；据估计，百分之六十一的城市家庭拥有空调，而八年前这个数字为百分之五十六。由于价格降低、技术进步，电脑、手机和电视也数量猛增。虽说个人电器可能是越来越节能环保，但它们的迅速流行也使耗电量有增无减。

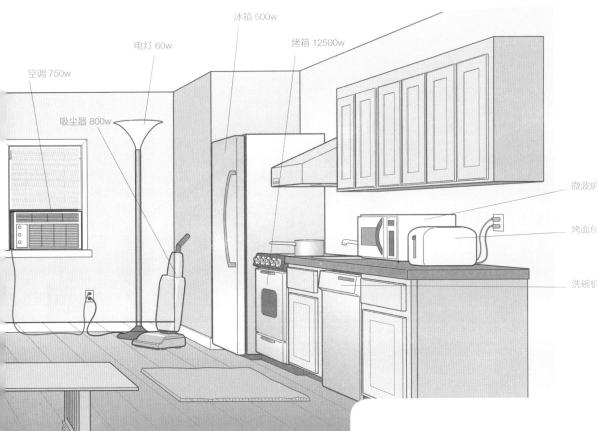

冰箱 500w

电灯 60w

烤箱 12500w

空调 750w

吸尘器 800w

微波炉 1000w

烤面包机 1150w

洗碗机 1300w

市政和公共建筑中的年用电量
（以兆瓦时计）

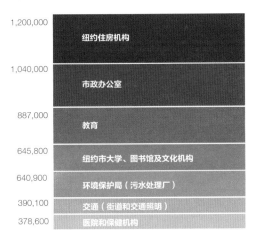

1,200,000	纽约住房机构
1,040,000	市政办公室
887,000	教育
645,800	纽约市大学、图书馆及文化机构
640,900	环境保护局（污水处理厂）
390,100	交通（街道和交通照明）
378,600	医院和保健机构

公共用电
纽约市政府本身耗电巨大，占据了市内用电的十分之一。
几乎所有的城市用电均由纽约电力管理局（NYPA）提供，
这家由州政府所有的公共机构也为大都会运输署和港务
局供电。

照亮纽约帝国大厦

一九六四年，为了庆祝纽约万国博览会揭幕，纽约帝国大厦的顶部三十层点亮了泛光灯。十二年后，帝国大厦第一次使用了彩色灯，以庆祝美国独立两百周年。今天，大楼最顶端的系留杆上有超过一千盏五种颜色（黄、白、红、绿、蓝）的荧光灯，可以用一个开关瞬时开闭。大楼内有约二百五十万英尺电缆，每年为大楼的租户输送约四千万千瓦时的电力。

电 力

发电

简单来说,发电依靠的是发电厂涡轮(带
叶片的长轴)的旋转。让涡轮旋转的能源有
很多种,燃气和蒸汽较常见,也有风力和水力。
涡轮转动连接着发电机的长轴,转动巨大的、
用铜线圈包裹的电磁铁。磁铁旋转,产生磁场,
在电线中形成电流。

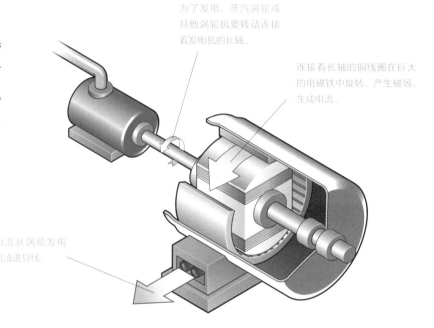

为了发电,蒸汽涡轮或
其他涡轮机要转动连接
着发电机的长轴。

连接着长轴的铜线圈在巨大
的电磁铁中旋转,产生磁场,
生成电流。

电流从涡轮发电
机流进导线。

发电机内部

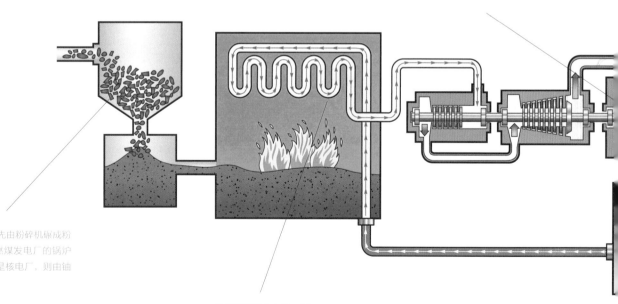

高压蒸汽在涡轮中快速旋转。蒸汽失去压力,
流经不同形状的叶片,这些叶片放置的角度能
够确保其从蒸汽中获取最大的能量。

以燃煤发电厂为例,煤先由粉碎机碾成粉
末,再进入锅炉。(非燃煤发电厂的锅炉
可以烧天然气或油;若是核电厂,则由铀
原子核裂变产生热量。)

锅炉加热管中水流,产
生蒸汽。

能源的定义

要理解电力的基本知识，就必须了解一系列术语。"电流"指的是电荷在电线中的定向移动；"电压"指的是电流背后的力，也即电荷怎样被推着在电线中移动。大多数电子产品，以及美国大多数电网使用的都是交流电，也就是说电流和电压的方向是来回变化的，而不是稳定的（直流电）。电流乘以电压即为"瓦特"，是功率的基本单位。

涡轮的中央轴连接着负责将旋转轴的机械能转化为电能的发电器。

蒸汽流入冷凝器，重新变成锅炉用水，循环使用。

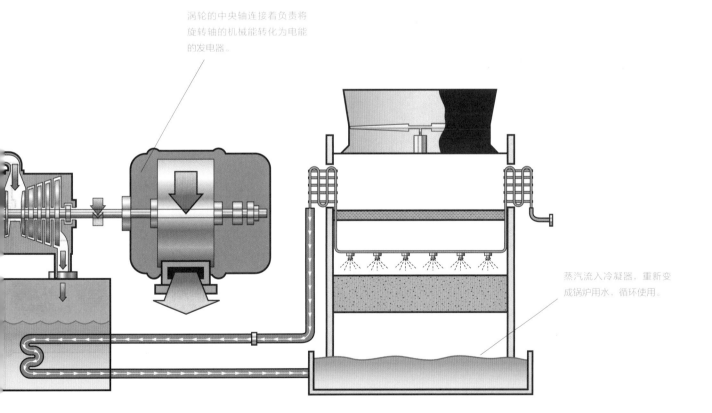

电力

发电厂地理位置

印第安点 纽约最重要的城外发电厂就是印第安点，这座核电厂由安特吉公司运营，位于曼哈顿以北三十五英里处韦斯特切斯特县内的哈德逊河畔。工厂有三座压水堆，但只有印第安点二号和三号这两座在投入使用。它们一共产生约两千兆瓦的电力——约为纽约州用电量的百分之五，一部分供纽约市使用。

韦斯特切斯特

布朗克斯

曼哈顿

皇后区

布鲁克林

斯塔滕岛

- ■ 现存
- ■ 计划中
- • <100 兆瓦
- ◉ <500 兆瓦
- ◎ <1000 兆瓦
- ◉ <5000 兆瓦

发电船 一般作为紧急或暂时的能源来源，但在纽约则成为常规使用的设备。发电船在布鲁克林海滨存在已经有三十年了，主要用来满足高峰时段的用电需求。位于郭瓦纳斯的发电船拥有三十二座点火装置，是世界上最大的水上发电站。

"大艾利斯" 纽约最大的长岛瑞文森伍德发电厂的明星。"大艾利斯"也叫作"三号发电机"，一九六五年由爱迪生联合电气投入使用，当时是世界上最大的发电单位。其昵称的来源是涡轮制造商艾利斯－查默斯公司。它能够产生一百万千瓦（一百兆瓦）的电力。

发电厂

五大区内的中央发电厂是纽约市电力的主要来源。其中四座位于皇后岛，占据纽约能源产出的一半；其余的则分布在斯塔滕岛、布朗克斯和布鲁克林。曾几何时，这些发电厂的所有权和经营权都属于爱迪生联合电气。但一九九九年电力行业重组时，爱迪生联合电气退出发电行业，工厂也都售卖给私营公司。现在这些发电厂归 NRG 能源有限公司、KeySpan 公司以及美国电力公司等所有。

除了中央发电厂外，还有小型发电机来协助满足用电高峰的需求。一九七五年起，纽约就有了一支发电船队，主要停驻在布鲁克林海滨的郭瓦纳斯湾和日落公园。它们都是天然气驱动的小型发电厂。二〇〇一年夏天，发电船已经发展到了另外六个地区，应对大都会地区可能面临的能源短缺问题。

五大区之外也有为纽约市供电的发电厂。韦斯特切斯特县的印第安点核电站最多可以满足纽约市五分之一的用电需求。除此之外，纽约市还使用纽约州、新泽西、康涅狄格和宾州电网的电力。

目前由于纽约配电网的设计局限，来自市外的供电量受到了限制。不论任何时段，纽约市的市内供电量必须达到百分之八十，余下的百分之二十可以通过输电系统来输送。

州电网

纽约州的电网是美国最复杂，也是最拥堵的，其中包括三百三十家发电厂。纽约独立系统运营商（ISO）的数百名员工全天二十四小时协调着这些发电厂的电流。

ISO 最主要的工作就是维持电力批发市场的竞争力。为了平衡供需，ISO 遵循"最终价格拍卖"规则，每天对州内电力买卖方进行匹配。每天早上，ISO 从发电厂处接收第二天要卖出电力的报价，同时从期望购买电力的买方处接收出价。整理好报价之后，纽约 ISO 选择出能够满足所有购买者的卖方，最后的供给报价就是所有买家付出以及所有卖家获得的价格。

这项工作永远不会结束。电力无法储存，进入电网和流出电网的电流必须同时等量，否则就会损坏"能源质量"，影响电力设备的运行。为了确保电网的平衡，ISO 需要全天和发电厂举行电话会议，监视供应量，并将其与爱迪生联合电气及其他批发买家的需求进行匹配，几乎每六秒就会有一次调整。

纽约州电力储备差额

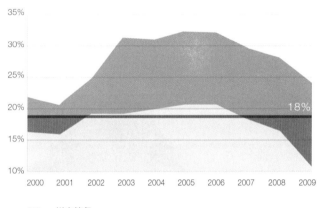

- 州内储备
- 外部资源与需求应对项目
- 短缺
- 储备需求

州内发电可满足纽约州大部分电力需求，但也有百分之十八的电力差额需要从外地引进。

电力高峰管理

炎热天气可能带来用电高峰，ISO 会发布"发电高峰预警"，要求市内电网中十家活跃的大发电厂和数百家小发电厂以最大产量发电，同时尽量增加从纽约上州和新泽西引进的电力。如果还是不能满足用电需求，ISO 就会启动紧急程序，要求相关办公楼减少照明、电梯、空调的使用，并将减小百分之五电压——这对用电者影响很小，几乎无法察觉。最后，如果电力依然供不应求，ISO 会执行轮流停电，并要求爱迪生联合电气减少用电需求，保护整个网络的和谐。

电 力

新能源

现在有多种形式的新能源可以补充传统化石能源的不足。比如说，水电占据纽约市区供电的约百分之四，风电则接近百分之二。对纽约州整体而言，新能源的作用更重要。纽约州百分之十八的电能来源于水电。其中部分水电产自加拿大，部分产自纽约上州。

纽约的新能源实验中，燃料电池实验是很有趣的。燃料电池和蓄电池一样具有电化学（非燃烧）装置，能将化学能转化为电能和热水。一般来说，化学能来源于燃料天然气中的氢。不燃烧天然气，没有显著的排放。

虽然燃料电池比传统发电方式要昂贵——贵两至三倍——但它已经在大都会地区出现。如纽约警署中央公园辖区就完全依靠楼外的两百千瓦燃料电池供电。虽然成本（约九十万美元或四千五百美元／千瓦）比同等产能的柴油发电机（八百至一千五百美元／千瓦）要高，但污染少得多，且不受纽约州电网的干扰。

如何购买环保电能

在纽约购买环保电能有几种方法：大楼业主可以联系公司在楼顶安装太阳能板，还可网购风电。有两家网售风电的公司：社区能源公司和麦迪逊风能项目公司，个人可以在网上大量购买（价格为一百千瓦时二点五美元）。这些风电由风电场产出，然后进入爱迪生联合电气的电网，再分配给纽约市的消费者。虽然消费者购买的电能不能直达家中，但这种购买可以减少全州范围内传统的化石能源发电。

环保电能举例

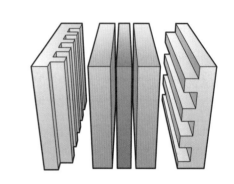

生质燃料 是指通过分解或燃烧有机物产生电能，包括垃圾填埋气。

燃料电池

　　燃料电池有三大基本组件，第一个是燃料处理器，它将天然气和系统产生的蒸汽混合，产生富含氢的混合燃料。混合燃料流入电池的下一个组件——能源部件，其中的氢原子分裂为质子，与氧结合生成水和电子。电子再流经独立的电路，产生直流电。在电池的第三个组件功率调节器中，直流电再转化为电器可以使用的交流电。

风能　利用风车产生电能，既无污染，又不需占用大片土地。

地热能　地热能的使用包括将火山地区地表下的热蒸气或热水转化为电能，以及利用地球的自然温度冷却或加热水流，以调节室温、加热等。

水电　水能也可以用来发电。大多数情况下，水电厂会在关键位置安装涡轮，以获取流动的水的动能。

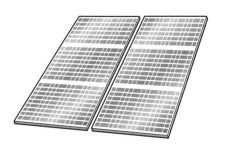

太阳能　可以用两种方式发电：光伏发电和光热发电。光伏发电板使用半导体材料将阳光直接转化为电能。太阳能光热发电技术则经常被用来供应热水。

电力

配电

早期的电厂都是小型的、地区性的，发电也主要供周边地区使用。但随着电力需求的增长，大型发电厂能更高效地满足不同层次的新需求。这些中央型电厂为了满足更远地区的用户，建立起了从电厂到居民区、工业区和商务区的输电线。最后，为进一步提高便利程度和可靠程度，不同电厂输电线系统互相连接起来，形成了全国性的大容量电网。

今天，通过高效的高压输电线，美国全国的能源从数百家发电厂输送至电力负荷中心。美国主要有三大互相联系的电网：东部互联，覆盖东海岸、平原诸州及加拿大沿海诸省；西部系统协调委员会互联，覆盖西海岸、山地诸州以及西部省份；得州电力可靠性委员会，仅覆盖得州。三大电网的输电线均由多个所有者共同运营，包括公共事业、私营公司以及联邦能源公司等。电网允许其所有者互相买卖电力，并在紧急状况下使用备用电力路径，以提高可靠性、降低成本。

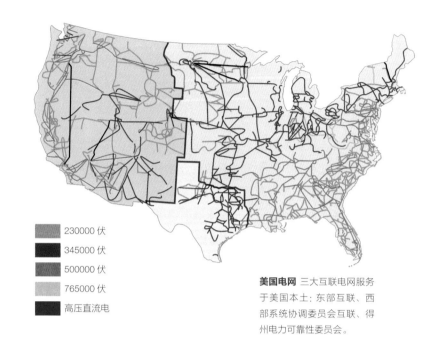

230000 伏
345000 伏
500000 伏
765000 伏
高压直流电

美国电网 三大互联电网服务于美国本土：东部互联、西部系统协调委员会互联、得州电力可靠性委员会。

配电

1. 电从发电厂发出。

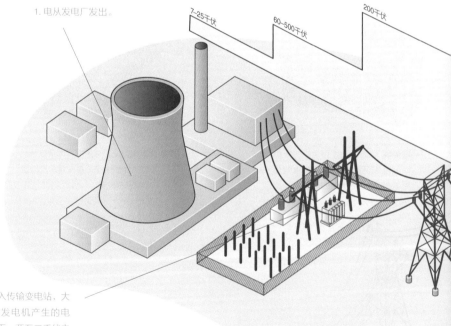

7~25千伏　　60~500千伏　　200千伏

2. 电立刻进入传输变电站，大型变压器将发电机产生的电压（两千三百－两万二千伏之间）增高，以便进行长距离输电（一般在二十三万伏－三十四万五千伏之间，有时也会高至七十六万五千伏）。

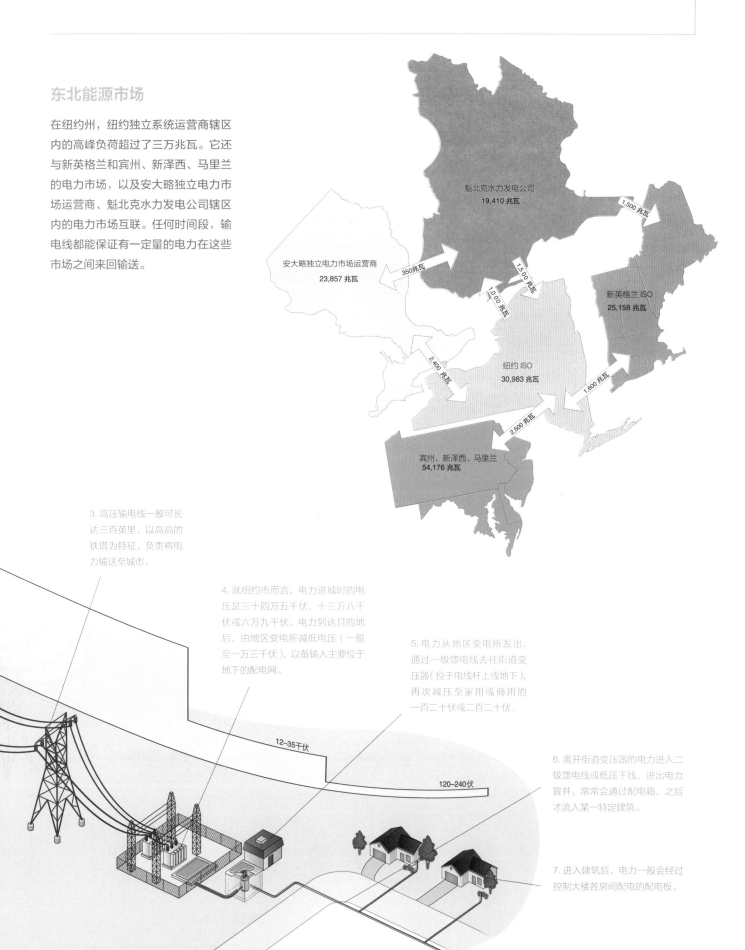

东北能源市场

在纽约州，纽约独立系统运营商辖区内的高峰负荷超过了三万兆瓦。它还与新英格兰和宾州、新泽西、马里兰的电力市场，以及安大略独立电力市场运营商、魁北克水力发电公司辖区内的电力市场互联。任何时间段，输电线都能保证有一定量的电力在这些市场之间来回输送。

魁北克水力发电公司
19,410 兆瓦

1,500 兆瓦

安大略独立电力市场运营商
23,857 兆瓦

350兆瓦

1,500 兆瓦

1,000 兆瓦

新英格兰 ISO
25,158 兆瓦

2,400 兆瓦

纽约 ISO
30,983 兆瓦

1,600 兆瓦

2,500 兆瓦

宾州、新泽西、马里兰
54,176 兆瓦

3. 高压输电线一般可长达三百英里，以高高的铁塔为特征，负责将电力输送至城市。

4. 就纽约市而言，电力进城时的电压是三十四万五千伏、十三万八千伏或六万九千伏。电力到达目的地后，由地区变电所减低电压（一般至一万三千伏），以备输入主要位于地下的配电网。

5. 电力从地区变电所发出，通过一级馈电线去往街道变压器（位于电线杆上或地下），再次减压至家用或商用的一百二十伏或二百二十伏。

6. 离开街道变压器的电力进入二级馈电线或低压干线，进出电力窨井，常常会通过配电箱，之后才流入某一特定建筑。

7. 进入建筑后，电力一般会经过控制大楼各房间配电的配电板。

12–35千伏

120–240伏

电力

变电站和变压器

为了把发电厂发出来的电输送到较远的地方，必须将电压升高，变为高压电，到用户附近再按需要降低电压。因此几乎所有的配电体系都有升高和降低电压的系统。总的来说，电压取决于电流输送的距离和流量。发电厂周围的变电站负责升高电压，靠近用户的变电站则负责降低电压。

目的地为纽约的电流发电电压一般为两万伏。就像水泵能提高软管中的水压一样，发电厂附近的变电所能将电压增高至六万九千伏到七十六万五千伏，以便高效地长距离输电。高压电流进入长途输电线，后者的系统中包括输电塔架、钢管杆或简易双木杆。

电流靠近用户所在地区，进入地区变电站降至一万三千伏，然后流进城市输电系统的一级馈电线。变电站的变压器通常由浸泡在金属箱中的油里的铁芯和线圈组成。油的作用一是让铁芯绝缘，二是令其在操作中保持较低的温度。有时也会用风扇、泵甚至洒水系统来辅助散热。

最终，从地区变电站出来的一级馈电线将电流带进街道变压器，再降压至家用或商用电压（一百二十伏或二百二十伏），由二级馈电线输送至目的地。

马西变电站

近半个世纪以来，隶属于纽约电力管理局、位于纽约上州的马西变电站一直负责将来自加拿大的七十六万五千伏高压水电降低至三十四万五千伏，通过两条高架输电线向南输电。

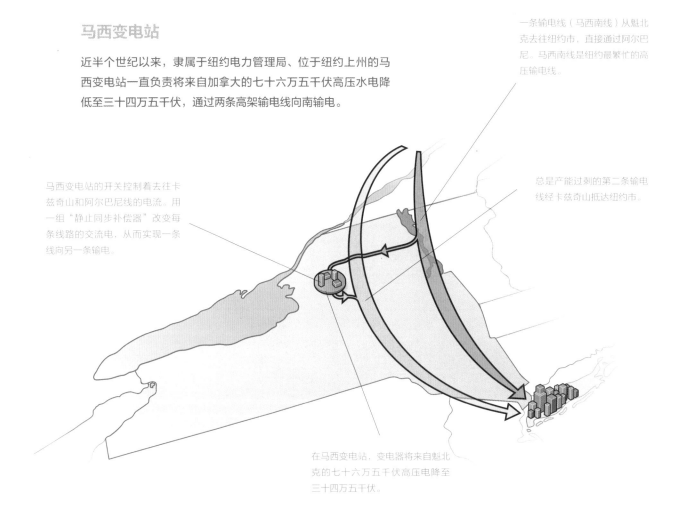

一条输电线（马西南线）从魁北克去往纽约市，直接通过阿尔巴尼。马西南线是纽约最繁忙的高压输电线。

马西变电站的开关控制着去往卡兹奇山和阿尔巴尼线的电流。用一组"静止同步补偿器"改变每条线路的交流电，从而实现一条线向另一条输电。

总是产能过剩的第二条输电线经卡兹奇山抵达纽约市。

在马西变电站，变电器将来自魁北克的七十六万五千伏高压电降至三十四万五千伏。

电流变压

地区变电站从远距离输电线接收高压电，一般将其降低至一万三千伏，再通过一级馈电线向城市各地输送。

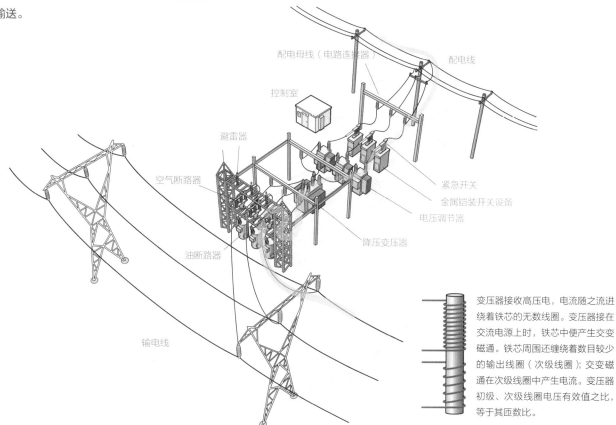

配电母线（电路连接器）

配电线

控制室

避雷器

紧急开关

空气断路器

金属铠装开关设备

电压调节器

油断路器

降压变压器

输电线

变压器接收高压电，电流随之流进绕着铁芯的无数线圈。变压器接在交流电源上时，铁芯中便产生交变磁通。铁芯周围还缠绕着数目较少的输出线圈（次级线圈）；交变磁通在次级线圈中产生电流。变压器初级、次级线圈电压有效值之比，等于其匝数比。

kWh

MH062189

测量电力

传统电表有若干圆形标度盘，一般是一行四五个。每个表盘指针走向都和旁边的相反。一般来说看用电量多少，就用该时段电量减去上一时段电量。现在，电子电表越来越普遍。

电力

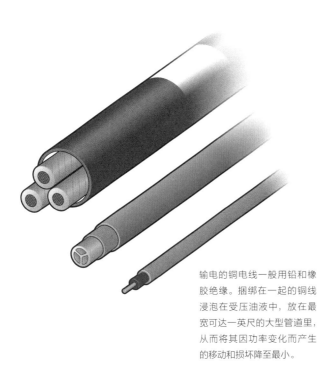

输电的铜电线一般用铅和橡胶绝缘。捆绑在一起的铜线浸泡在受压油液中，放在最宽可达一英尺的大型管道里，从而将其因功率变化而产生的移动和损坏降至最小。

电线兴起

虽然托马斯·爱迪生的第一次配电实验用的是地下隧道，但在十九世纪末，几乎所有其他通信系统和电力设施都坐落于地面之上。最常见的九十英尺电线杆最多能支起二十四根横木，每根横木上能绕二十条电线。虽然早在一八八四年，州议会就规定电线要埋在地下，但直到一八八八年暴风雪造成地面线路一片混乱之后，市政工程布线才真正移入了地下。

街道布线

和美国大多数地方不同，纽约市的配电网主要位于地下。大多数为居民区用电降压的变压器也位于地下室或地窖里，而不是电线杆顶部。要让电线从变电站经过街道的地下到达地窖，再从地窖到达每栋房屋，没有电力窨井是无法实现的。

简单地说，电力窨井是一段电线（一般长两百英尺）的起点和终点，也是一段电线的终点与另一段电线起点的结合点。其一般规格是十二英尺 × 八英尺或更小，深度约八英尺。井口虽然大多数时候都盖着，但并不防水；电工没来检查时，井里往往满是污泥浊水。只要淤泥无毒，清理窨井一般是使用"冲洗车"定期往里冲水，真空吸干方可使用。

通过窨井和接线盒的电线有很多种类，直径从四分之一英寸至三英寸不等，额定电压从一百二十伏至一万三千伏不等。其中高压电缆最粗，因为绝缘铜线外还包有一层装油的铅管。该受压油液可防止铜线绝缘层因电流通过量改变而膨胀或收缩。这些高压线如需修补，焊接时长可达十二个小时。

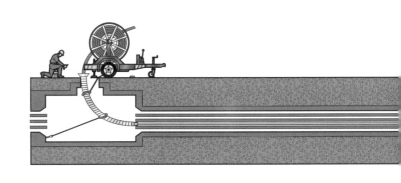

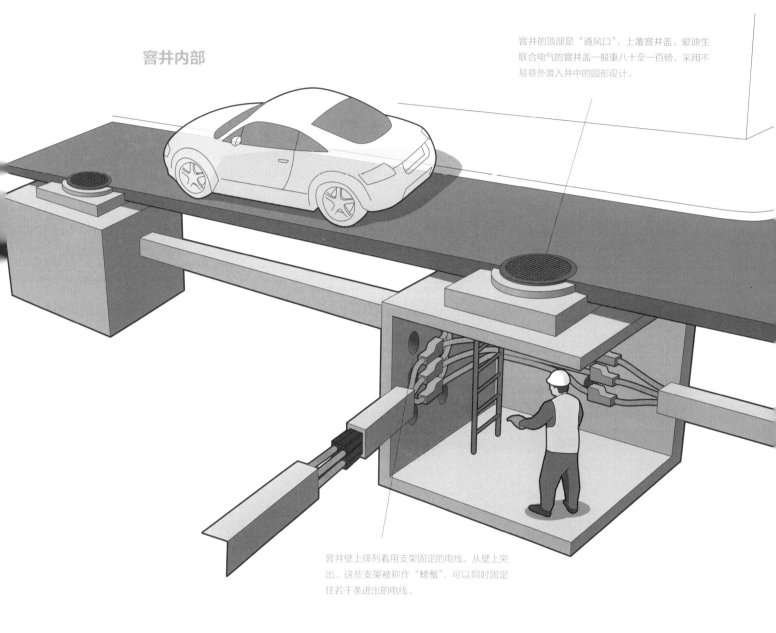

窑井内部

窑井的顶部是"通风口"，上覆窑井盖。爱迪生联合电气的窑井盖一般重八十至一百磅，采用不易意外滑入井中的圆形设计。

窑井壁上排列着用支架固定的电线，从壁上突出。这些支架被称作"螃蟹"，可以同时固定住若干条进出的电线。

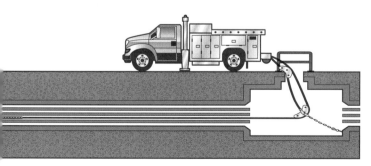

铺设电缆时，一般从一口窑井将一条钢丝线经由管道推入第二口窑井。在第二口窑井中，将钢丝线的末端与井口的专用货车上的钢索与绞盘相连。然后将电线与钢索相连，顺利地拉过地下管道。

电力

断电

纽约市拥有全美国最可靠的电力基础设施。特别是有研究认为，爱迪生联合电气的可靠度是美国平均水平的四至九倍。这也许并不奇怪，因为纽约市的公共交通和公寓的电力系统对可靠性要求很高，而且大多数配电网有重重保护，很少受到天气影响。

但当纽约电网出问题时，会产生严重的后果。人们会被困在地铁里，繁忙的十字路口会交通拥堵，成千上万人会在电梯里出不来——我们熟悉的城市生活会顿时停摆。过去五十年中，全城规模的停电发生过三次，分别是在一九六五年、一九七七年和二〇〇三年。

这三次大停电都是由纽约市外的故障造成的。一九六五年，安大略输电线出了问题，发电公司不得不停止发电，以保护设备。一九七七年，雷暴造成纽约市北部的线路毁坏，市区和韦斯特切斯特岛都陷入了黑暗。二〇〇三年八月，远在俄亥俄州的电力故障导致了一系列停电事故，波及东海岸大部分地区以及加拿大。

每次大停电后，纽约市都建立了一系列程序，以防止类似问题的发生，但后来停电的规模却一次比一次大。

然而，总的来说，纽约鲜少发生停电事故。爱迪生联合电气的配电系统设计精密，一旦某地区变电站或发电机发生故障，电网的其余部分会立刻补充电力，防止供电中断，因此局部问题很少扩大。类似的，当实行部分灯火管制时（运营商降低馈线电压以防过载），一般居民可能只会感到电梯速度稍慢，除此之外几乎不受影响。

二〇〇三年美国东北大停电时间线

虽然造成二〇〇三年大停电的俄亥俄和印第安纳州系列电力事故前后酝酿了几个小时才爆发，但其引发东北地区电厂停工只花了几秒钟。

中午 12:00　　　　　　　下午 1:00

中午 12:08　印第安纳州的一条输电线发生故障。四分钟后，第二条输电线发生故障。

下午 1:31　俄亥俄州北部第一能源公司下属一家发电厂的发电机组故障。

供电恢复

1. 电厂恢复供电只能逐步增加发电量，不能一蹴而就。化石燃料发电厂和核电厂投产速度较慢，因为要先将水转变为蒸汽才能发电，而这个过程需耗费大量能量。

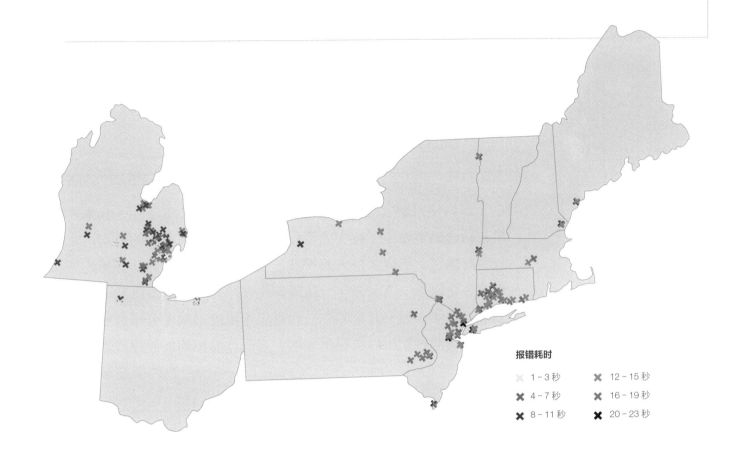

报错耗时

✕ 1 – 3 秒 ✕ 12 – 15 秒
✕ 4 – 7 秒 ✕ 16 – 19 秒
✕ 8 – 11 秒 ✕ 20 – 23 秒

下午 2:00   下午 3:00   下午 4:00   下午 5:00

下午 3:05 俄亥俄州东北第一能源公司损失一条输电线，二十五分钟之后又损坏了一条。

下午 3:30 克里夫兰地区电压严重下跌。

下午 3:30 – 4:00 之前的线路故障导致电网负荷增加，损坏了俄亥俄州东北部的一系列线路。密歇根的电力开始流向俄亥俄州北部，以填补空缺。

下午 4:09 俄亥俄州更多线路发生故障，该州开始从密歇根电网获取十倍于平时的电量。

下午 4:10 俄亥俄州用电拉低了密歇根电网的负载，导致密歇根的三十条输电线故障。俄亥俄州开始从加拿大引入电力。

下午 4:11 俄亥俄州和密歇根州电力故障引发的电压突波传遍东北地区，导致图中标出的纽约及其南部各地的电力设施自动关闭。

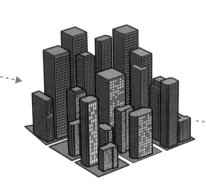

2. 发电厂产出少量电力，部分馈电线开始工作，一小部分消费者用电恢复。

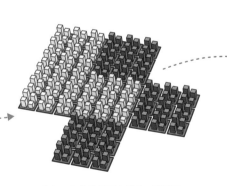

3. 发电厂逐户满足用电需求，直到恢复一半产能。

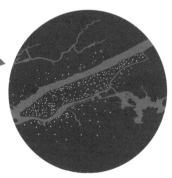

4. 这时，发电厂可以先与本地区产能相当的其他发电厂相连，再与更广阔的地区以及国家电网联系起来。

天然气

　　纽约使用燃气的历史长达两百多年，但最近五十年，其来源和输送渠道发生了巨大的变化。十九世纪，商业化的燃煤产气发展迅速，形成了巨大的产业。爱迪生联合电气的前身纽约煤气公司建于一八二三年，比爱迪生在珍珠街进行发电实验早了近六十年。到一九〇〇年，约有三十家发电配电公司竞相为韦斯特切斯特和纽约市提供照明，煤气作为照明能源逐步退出舞台。

　　一百年后，商业煤气生产几乎在纽约销声匿迹。今天的城市、居民和商业机构几乎完全依赖于最清洁，储备也最充足的化石燃料——天然气。二十世纪五十和六十年代，美国建成了数千英里的输气管道，从此燃气可以以划算的价格从墨西哥湾以及加拿大偏远地区输送到美国东海岸。天然气既可家用，也可作为较为清洁的发电燃料供电厂使用，因此普及率大增。

　　"天然气"指的是烃类气体，主要是甲烷，一般蕴藏在地层深处。它通常已经存在了数十万年，由腐烂植物和动物尸体产生。天然气矿藏附近常有原油。开采天然气需要钻入地壳深处，再用油井或油泵将其采收至地面。将天然气除去杂质和水分，加工处理后，便可通过一系列管道运输至终端用户。天然气在运输途中可被储存于地下洞穴，也可进行液化，以便运输和储存。

　　纽约州需要消耗大量的天然气，占据全国总消耗量的百分之六。纽约市内有四大类燃气用户：居民用户（火炉、热水器、干衣机等），商业用户（餐馆、酒店、医院等），工业用户（加热工艺、蒸汽制造等）以及电力设施（发电厂）。工厂和

煤气灯的一个世纪

　　纽约的商用燃气一开始仅限于煤气。一八二三年，曼哈顿下城区建成了纽约第一家燃气厂，五年内城市开始使用煤气街灯。十九世纪中期，煤气灯已经进入普通家庭，并一直流行至上世纪之交——之后，电力取代煤气成为了最佳能源，煤气街灯也换成了电灯。

电厂可以直接通过供应商从管道购买天然气，其他用户则主要从本地的燃气输配公司购买。市内的天然气由两家公司负责输配：爱迪生联合电气负责曼哈顿、布朗克斯和皇后区的一部分；KeySpan 公司服务斯塔滕岛、布鲁克林和皇后区的其余部分。

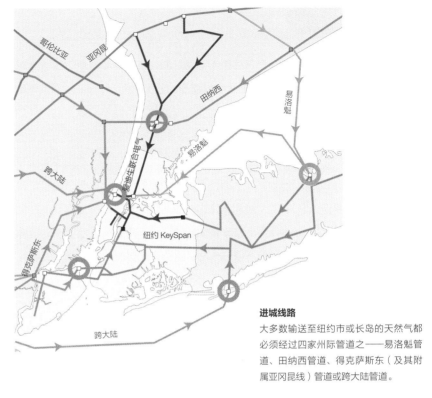

进城线路

大多数输送至纽约市或长岛的天然气都必须经过四家州际管道之——易洛魁管道、田纳西管道、得克萨斯东（及其附属亚冈昆线）管道或跨大陆管道。

▫ 接收点
▪ 双向天然气门站
■ 管道互联点

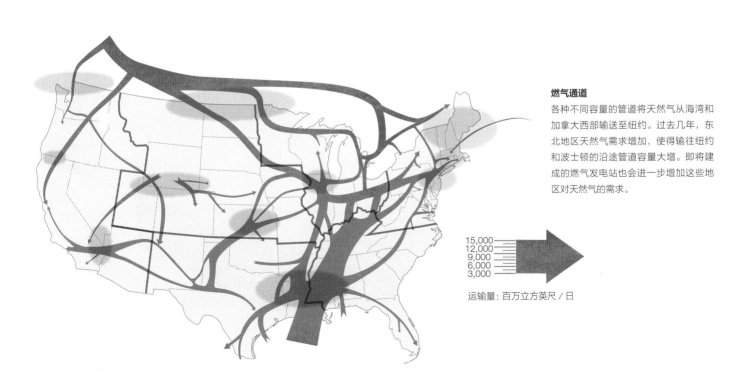

燃气通道

各种不同容量的管道将天然气从海湾和加拿大西部输送至纽约。过去几年，东北地区天然气需求增加，使得输往纽约和波士顿的沿途管道容量大增。即将建成的燃气发电站也会进一步增加这些地区对天然气的需求。

15,000
12,000
9,000
6,000
3,000

运输量：百万立方英尺／日

天然气

管道输气

大多数输送至纽约市的天然气启程于得克萨斯、路易斯安那或加拿大西部的气田。天然气抵达纽约需要约五天时间，途中以十五英里／时的均速穿过四十二英寸宽的管道，由"城市门站"进入城市，此后其负责权就从管道公司转移到了配气公司。

纽约的输气管道是二十世纪五十年代建成的二十五万英里州际输气管道的一部分。为了顺利走完约一千八百英里的旅程，天然气在途中必须多次得到推动和加压输送，因此管道沿线每隔四十至一百英里就有一所压气站。站内涡轮会给气体加压，以继续输送。沿途的社区会从管道获取天然气，所以管道会越来越细，这也进一步保证了气体的压强。

四家州际管道公司——易洛魁、田纳西、得克萨斯东、跨大陆——通过七大互联点为纽约市供应天然气。这些公司本质上是交通运输公司，就像铁路、货运公司一样，没有运送货品的所有权。它们只是根据燃气购买方（一般是地方燃气分输公司或独立燃气购买商）的合同，将天然气从生产地输送至消费地。这个行业整体上很规范，由联邦能源监督委员会决定运输与贮存率，且管道公司必须为任何需要天然气运输的发货人提供服务。

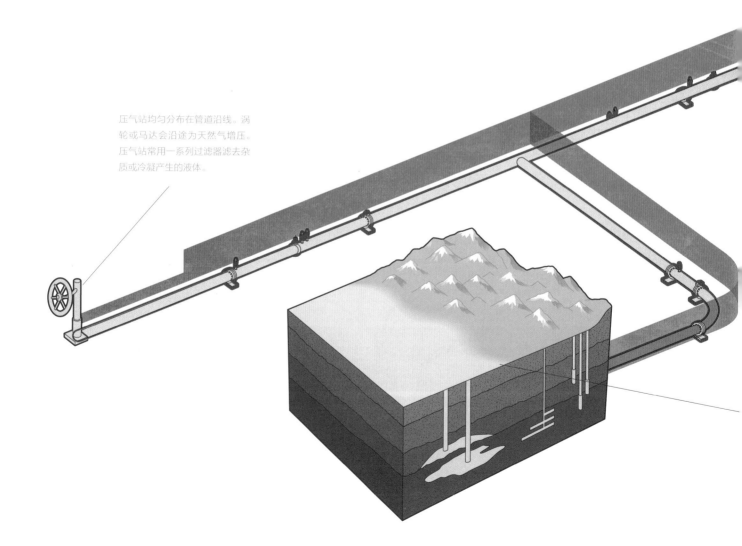

压气站均匀分布在管道沿线。涡轮或马达会沿途为天然气增压。压气站常用一系列过滤器滤去杂质或冷凝产生的液体。

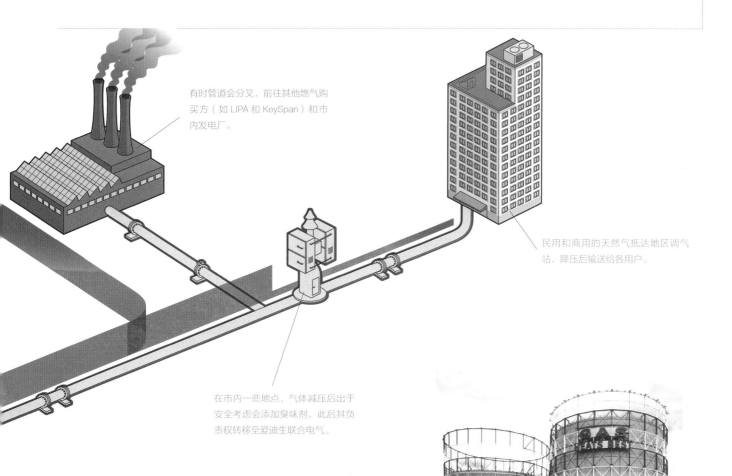

有时管道会分叉，前往其他燃气购买方（如 LIPA 和 KeySpan）和市内发电厂。

民用和商用的天然气抵达地区调气站，降压后输送给各用户。

在市内一些地点，气体减压后出于安全考虑会添加臭味剂，此后其负责权转移至爱迪生联合电气。

天然气储存

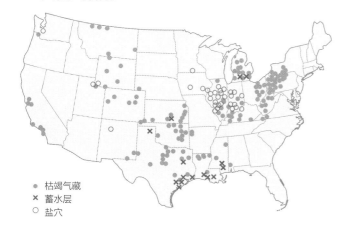

- ● 枯竭气藏
- ✕ 蓄水层
- ○ 盐穴

并非所有天然气都是直接从气田运输至终端客户的。还有大量的天然气定期被输送至宾州和纽约州西部的储气库。它们主要是枯竭气藏[1]

改建的储气库、盐穴地下储气库，也有地下蓄水层改造的储气库。输送入库的天然气一般会留到用气最多的冬天使用。

① 气藏是指在具有统一压力系统和气水界面的单一圈闭中的天然气聚集体。

储气箱

　　除了发电厂里存有少量液化天然气，纽约市内几乎没有天然气储存。但在过去，市内储气箱很常见。皇后区埃尔姆赫斯特两个两百英尺高的储气箱曾是长岛高速上的地标，于一九九六年拆除了。同样著名的还有布鲁克林联合燃气在绿点建造的一对马斯佩斯储气箱，它们有四百英尺高，容量分别是一千七百万和一千五百万磅天然气，拆除于二〇〇一年。它们曾被称为"象棋棋盘"，因为美国联邦航空管理局要求能让去往拉瓜迪亚的飞机"立刻识别"出它们来，为了响应这个要求，它们将顶层刷成了棋盘式的花纹。

天然气

有些管道焊接或熔接于缝口。

铸铁管和金属管一般栓接在一起。

有些管道用特制的套筒固定住两根管道的终端。

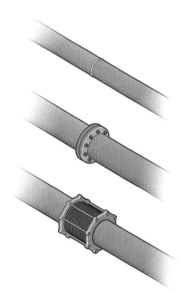

本地输配

由燃气总管和供气管组成的复杂地下网络将燃气供给各楼各户。和州际管道一样，地下燃气管道网络也必须保持一定的压强。遍布整个网络的各窨井处均有检查点，设有可以自动增减气体涌出量以控制压强的"调节器"。和压气站一样，这里除了调节器，也有可以滤去杂质的过滤器。

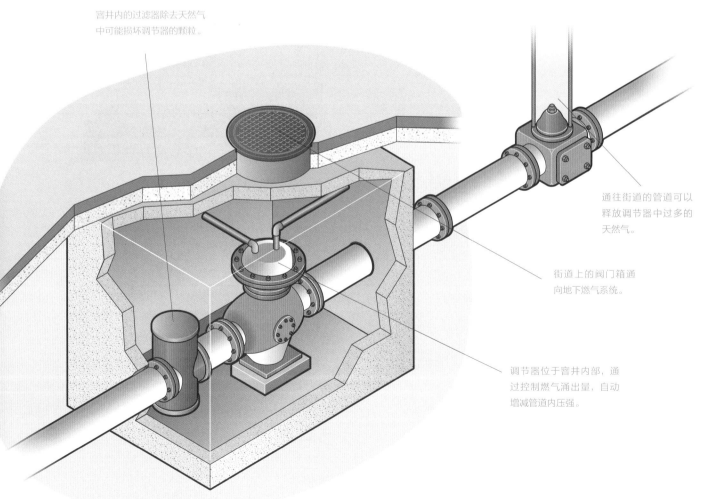

窨井内的过滤器除去天然气中可能损坏调节器的颗粒。

通往街道的管道可以释放调节器中过多的天然气。

街道上的阀门箱通向地下燃气系统。

调节器位于窨井内部，通过控制燃气涌出量，自动增减管道内压强。

纽约早期的燃气网络中，主要管道都是木制的。到二十世纪五十年代，为了适应天然气运输，很多木管道换成了铸铁管道。但是今天，塑料管和钢管正在取代易碎易裂的铸铁管。大多数金属管和铸铁管都采用特制的套筒或栓接，或焊接，或串接在一起，而塑料管一般是熔接的。

燃气表的工作原理

燃气表测量的是通过它的燃气的体积。燃气表内有计量室，每个计量室都有一定的容积。器具使用燃气时，燃气流经燃气表，先进入计量室，再进入器具本身。燃气表只是记录下计量室被装满和清空的次数。一般的计量单位为千立方英尺。

清管器

监测泄漏除了闻气味和观察压强这两种传统方式以外，还有第三种方式——通过一种叫作"清管器"的精密检测仪器。这个机械装置可被推进管道检查腐蚀、泄漏，并检查管道内部状况。

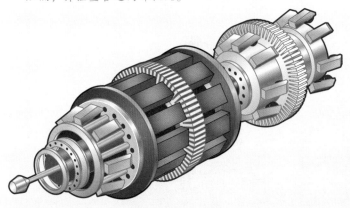

检修与维护

纽约的燃气设施老旧，燃气泄漏并不罕见。由于天然气没有气味，所以爱迪生联合电气会在其中加入闻起来像臭鸡蛋的硫醇。单凭气味就可以在泄漏早期发现问题。另一种方法是检查压强，爱迪生联合电气和 KeySpan 的控制室里都可以观测到。

为方便维修一般埋在地面三英尺以下的燃气管道，整个系统中安装了许多切断阀和旁通管。很多时候检修需要挖渠找管。但是近来，爱迪生联合电气在实验使用"微挖渠"技术：用"挖渠鼠（pitmole）"装置来安装新的天然气管道，同时确保地面损坏最小。

蒸汽

> 每年都有三百亿磅蒸汽从曼哈顿炮台公园流向第 96 街。纽约地下蒸汽网是世界上最大的区域蒸汽系统，是欧洲最大的蒸汽系统巴黎蒸汽网的两倍，且比排在其后的美国四个最大的蒸汽网加起来还要大。

蒸汽从市内七家蒸汽公司出发，时速最高达到七十五英里，穿过一百多英里的总管和供气管（上覆盖一千两百个蒸汽窖井），抵达纽约不少著名建筑。联合国大厦、大都会艺术博物馆、帝国大厦等都是蒸汽的大客户。它们与成千上万户普通家庭和商业楼一样，依靠蒸汽来加热、调节室温或烧热水。

虽然体积庞大，某种意义上说，纽约的蒸汽系统是另一个时代的遗迹。纽约蒸汽公司建成于一八八二年，其提供的技术能大大减少个体燃煤取暖产生的煤烟。该公司安装的系统的基本框架多年来由爱迪生联合电气不断扩大、改进，但至今依然存在；一些旧管道虽已不再使用，但仍然存在于街道的下方。

今天，爱迪生联合电气收入的百分之七来源于蒸汽。这是一门季节性的生意，高峰在一年中最寒冷的时期。纽约在冬季高峰每小时用气一千二百万磅，

十九世纪八十年代晚期，包括布鲁克林在内的好几个区都使用沃辛顿蒸汽泵为消费者输配蒸汽。

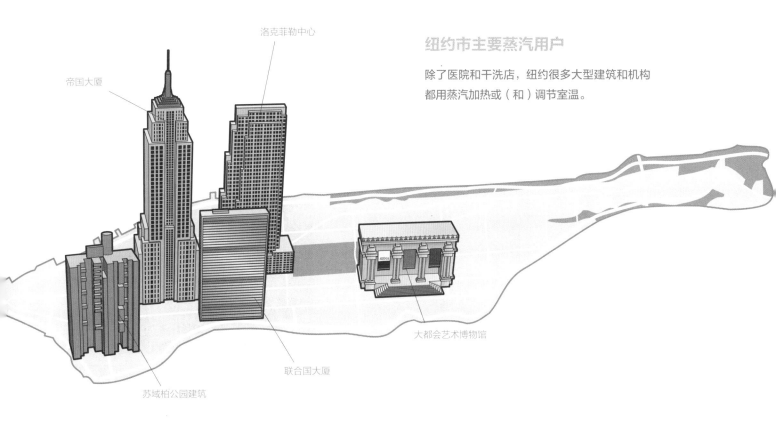

洛克菲勒中心

帝国大厦

纽约市主要蒸汽用户

除了医院和干洗店，纽约很多大型建筑和机构都用蒸汽加热或（和）调节室温。

大都会艺术博物馆

联合国大厦

苏域柏公园建筑

蒸汽系统每小时要消耗约一百六十万加仑水，所以爱迪生联合电气成了纽约最大的用水单位，可能也是最关注干旱的公司。纽约在夏季高峰的用汽可以达到每小时八百万磅，春秋季节约是该数目的一半。

蒸汽用户有巨型大楼，也有小商户。总的来说有近十万家庭和商户使用地区蒸汽系统，大多数的需求不仅仅是加热。比如对干洗店来说，蒸汽就是一项馈赠。商店的蒸汽阀不到一分钟就可以开启，

而且几乎每项干洗设备都要用到蒸汽：除去污渍的"去渍机"，去皱的"除皱机"，熨烫衣物的"熨烫机"，当然还有干洗机自身。

医院也常用蒸汽，主要用途是消毒。如圣文森特医院的消毒中心每天要处理近两百个清洗盘，每盘中有六至一百三十种手术用钢制器具。工作人员将它们清洗后放进消毒器，让蒸汽的高温杀死一切残留细菌。

蒸汽

纽约市蒸汽网络

74 街站

从皇后区雷文斯伍德站

60 街站

59 街站

水畔站

东河站

从布鲁克林哈德逊大街站

输配

蒸汽在人群密集处效率最高。聚齐在中央的几个大锅炉为多个用户供热，节约空间和成本，对客户来说价格更划算。就纽约而言，两个输配最集中的地区毫无意外就是大楼最高的地区——曼哈顿下城和中城。而 96 街向北的基岩不够平整，无法建高楼大厦。这一区域的

告别水畔

纽约最老的蒸汽工厂是水畔工厂，位于 37 街和 40 街中间的第一大道，在联合国大厦的南部。它坐落于河畔，煤船往来便利。水畔工厂建成于一九○一年，其历史贯穿了整个二十世纪。它曾两次更换燃料，先是换成油，后又换成了天然气。它也是市内第一批可同时发热发电的热电厂（一九三○年起）。现在，水畔工厂作为房地产的价值高出了作为能源工厂的价值：爱迪生联合电气将其售卖给了 FSM 东河协会，后者计划将它改造为本协会的多用途飞地。虽然水畔工厂已于二○○五年停止生产蒸汽，但爱迪生联合电气在 14 街的东河工厂有了新的蒸汽生产设备，确保系统整体维持原有的生产量。

蒸汽使用几乎不可能让北向的管道收回成本。

爱迪生联合电气有七个工厂生产蒸汽，其中五所在曼哈顿，布鲁克林和皇后区各一所。三所是同时发热发电的热电厂，蒸汽是发电的副产品。公司还根据合同接受布鲁克林海军造船厂一家蒸汽公司的蒸汽。

每家工厂中，水都是在燃烧天然气或石油的锅炉中高压加热至约一千度。锅炉非常大：14 街和第一大道的东河工厂有两个锅炉，其中一个有九层楼高。每加仑水能烧出八磅蒸汽。蒸汽离开锅炉后以华氏三百五十度的高温进入管道，压

强约每平方英寸一百五十磅。

将蒸汽运输出工厂的管道直径可能会达到数英尺，最常见的是两至三英尺。大多数为钢管，也有很多旧的铸铁管道依然在使用。这些老管道容易裂纹，所以常常裹上石棉，不碰它们就不会出意外。

蒸汽管道一般在街面以下四至十五英尺，有些（比如公园大道沿路的大都会北方隧道下方）管道可以达到三十英尺深。从上面看，整个网络就像一座烤架——这种布局下，必要时一家蒸汽工厂可以为整个系统提供蒸汽。

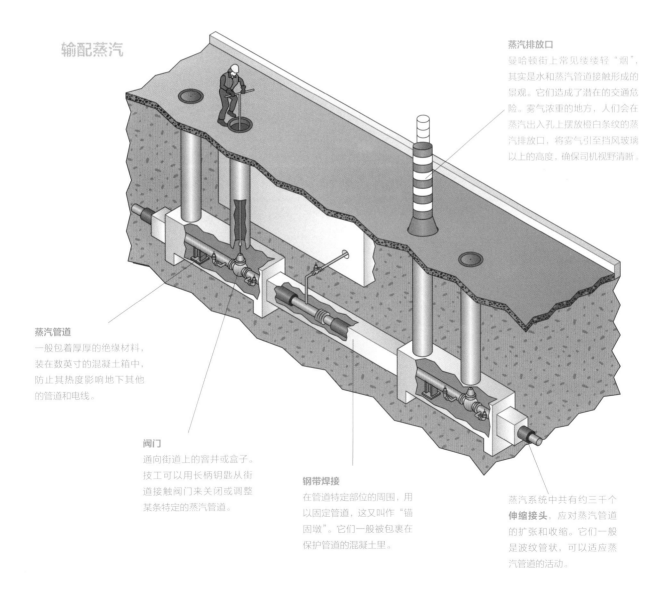

输配蒸汽

蒸汽排放口
曼哈顿街上常见缕缕轻"烟"，其实是水和蒸汽管道接触形成的景观。它们造成了潜在的交通危险。雾气浓重的地方，人们会在蒸汽出入孔上摆放橙白条纹的蒸汽排放口，将雾气引至挡风玻璃以上的高度，确保司机视野清晰。

蒸汽管道
一般包着厚厚的绝缘材料，装在数英寸的混凝土箱中，防止其热度影响地下其他的管道和电线。

阀门
通向街道上的窨井或盒子。技工可以用长柄钥匙从街道接触阀门来关闭或调整某条特定的蒸汽管道。

钢带焊接
在管道特定部位的周围，用以固定管道，这又叫作"锚固墩"。它们一般被包裹在保护管道的混凝土里。

蒸汽系统中共有约三千个**伸缩接头**，应对蒸汽管道的扩张和收缩。它们一般是波纹管状，可以适应蒸汽管道的活动。

蒸汽

检修与维护

　　纵观纽约蒸汽系统的历史，它出过的事故还是相对较少的。过去二十年来，整个系统只出过两三次明显的问题。话虽如此，蒸汽爆炸一旦发生，场面会很惊人，不仅会严重损害街道基础设施，还会造成伤亡。

　　整个蒸汽系统需要连续的、日常的检修维护。在一个百岁高龄的系统中，渗漏现象并不少见，因此爱迪生联合电气蒸汽部门有很多检修技工。此外，还需要一件非常现代化的机器：蜂蜜公司二〇〇一年为爱迪生联合电气特制的"焊接检查蒸汽操作机器人（WISOR）"。它有长达二百英尺的"脐带"为自己供电供气、传输信号，并为操作人员传输数据。它还可以当场修复泄漏管道，避免在上方街道挖凿。

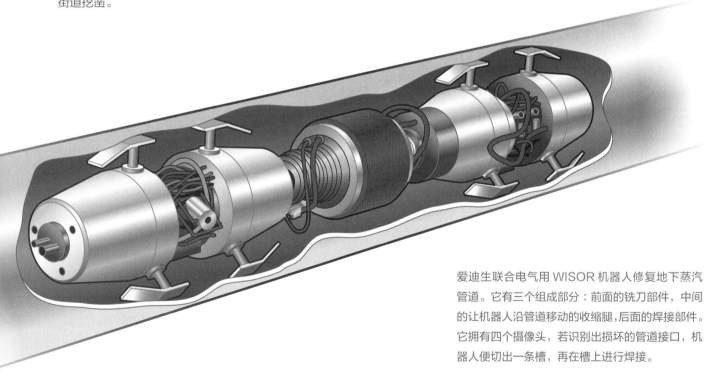

爱迪生联合电气用 WISOR 机器人修复地下蒸汽管道。它有三个组成部分：前面的铣刀部件，中间的让机器人沿管道移动的收缩腿，后面的焊接部件。它拥有四个摄像头，若识别出损坏的管道接口，机器人便切出一条槽，再在槽上进行焊接。

蒸汽爆炸

纽约蒸汽系统最近的一次爆炸发生在一九八九年八月，位于格拉梅西公园附近，导致两名蒸汽工人和一名附近居民丧生。爆炸的起因是常见的"水锤"现象，因管道内蒸汽冷凝而起。在这次事故中，工作人员任由冷凝水在一条暂时关闭的管道中积聚，蒸汽阀重新开启时，四百度高温的蒸汽撞击到冷却的水，于是造成爆炸。

水冷凝后在不使用的蒸汽管道中积聚。

管道加压，蒸汽进入后，更多的蒸汽冷凝成水。

一旦阀门打开，蒸汽与水碰撞，管道内形成气泡。随着蒸汽增多，管道顶部附近形成了一个巨大的气泡。

气泡破碎后，蒸汽以十倍于平时的压强涌进真空区，管道无法承受，于是发生爆炸。

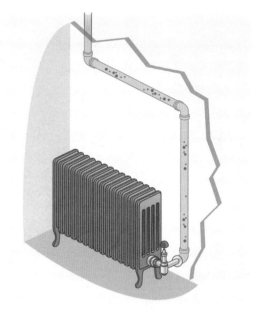

叮叮响的暖气片

不论是使用产自爱迪生联合电气中央系统还是地下室锅炉的蒸汽，大多数纽约人都很熟悉暖气片的叮叮响声，只是很少有人知道这声音是怎么来的。蒸汽必须经过很多弯弯曲曲的管道，才能抵达高楼里的公寓，或者抵达独栋住宅里的房间。这对没有形状的天然气不是问题，但是蒸汽就有问题，尤其是如果大楼的蒸汽管道里还有几滴水的话。这些水滴又被叫作"移动的鼻涕虫"，可以与蒸汽以相同的速度经过管道，但是它们不能转弯。当这些"移动的鼻涕虫"撞上角落时，就会产生我们听到的无害而恼人的叮当响声。

第四章
通 信

城市依靠通信维持生计，而纽约作为传媒、金融、广告中心，更是如此。每天有数百万桩交易迅速而安全地在纽约金融中心进出。即使不考虑华尔街，纽约也是美国最大的固话与手机以及最大的广播电视市场之一。

但并非所有的通信都需要高科技。和大多数城市一样，纽约还有邮局来满足收发信件、账单、杂志及商业函件的需要。此外，虽然有线电视和卫星电视数量激增，人们仍然依靠广播来获取新闻、娱乐、交通和天气方面的信息。

电话

电 话

纽约每天拨出和接收的电话总数约为一点二五亿。其中约一半依靠的是由铜线或光缆组成的复杂通信网络——这些缆线连接起来可以从地球抵达太阳。其他依靠的是快速增长的无线网络或移动网络。以纽约为中心的电话消费占据了整个产业全国收入的百分之五——每年一百二十五亿美元，十分惊人。

电话网络对纽约的重要性，超过了纽约市场对全国电信市场的重要程度。每天纽约的电话线路要处理以亿万美元计的金融交易。城市警察、消防和邮政特快专递都依靠它进行事故管理。现在纽约市约有一千零五十万手机用户，这说明手机不仅便捷，而且在安全性等方

一八八八年的暴风雪让市政工程布线转入地下之前，是复杂的高架电话线网满足着人们的通话需求。

面切切实实地造福了老幼。

但纽约对电话严重依赖的历史并不悠久。一百年前，电话还算新兴产业。一八七九年，纽约电话公司在曼哈顿下城区的拿骚街 82 号建立了第一个交换局。交换局的开业促使纽约印刷了第一版电话号码簿：一张提供给电话用户的卡片，上面有所有二百五十二个用户的名字。一八九四年贝尔电话第二项专利失效，全国立刻涌现了数百家独立的电话公司。短短几年内，超过十二家公司得到了提供市内电话服务的许可。

然而，电话公司太多造成了互联的问题，一家公司的用户可能打不通另一家公司用户的电话。一九一三年美国电话电报公司（AT&T）同意将无竞争关系的独立电话公司连接到它的网络，长途垄断由此诞生。它还控制了与几家小公司竞争、为大多数美国用户提供本地电话服务的二十二家贝尔运营公司。接下来的七十年，贝尔系统作为受规则约束

的垄断单位，为纽约及美国其他地区提供了很好的服务，直到一九八四年联邦政府将其解散。

今天，纽约市约有六百万台电话，全部依靠发明于一百多年前的技术：将声波转化为电流。本地电话市场最大的公司是一九九八年大西洋贝尔和 GTE 合并而成的威瑞森公司。它在全国范围的有线、无线电话市场都拥有最多的客户和收入，还是世界最大的长途电话公司和电话号簿出版商之一。

电话的部件

电子传声器放大用户的声音，并发出一系列电脉冲。

开关可以让电话连接或切断网络。这个开关常被叫作叉簧。

按键式键盘和频率发生器用来标明打电话所需的特定电路。

很多电话里有消除侧音装置，阻挡使用者的声音再回到自己耳中。

现在的电话里有鸣铃装置，通常由扬声器和电路组成，而非传统机械铃。

帝国城市地铁公司

最初的地下电话线和周围的电线共享地下空间，但是电流会影响电话线，产生噪声。为了解决这个问题，一八九一年纽约将为曼哈顿所有通讯服务建造和出租地下设施的独家权利交给了一家新公司——帝国城市地铁公司。

该公司至今还保留着这份权利，至少在曼哈顿和布朗克斯的一部分是如此（在其他区，通信公司可以自己建设管道）。公司拥有超过三百名员工、一万一千个窨井和五千八百万英尺长的各种管线——塑料管、混凝土管、玻化黏土管、防腐木管、铁管等等。作为威瑞森的子公司，它的空间主要租给电信公司和有线电视供应商，用来放置的物件包括传统电话线、火警信号系统、交通灯和报警电话亭等。

电 话

追踪电话的路径

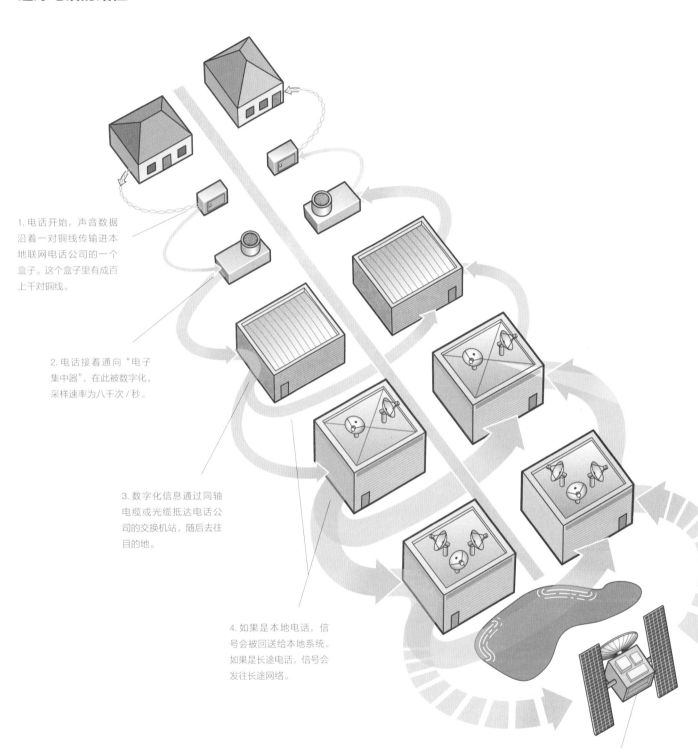

1. 电话开始，声音数据沿着一对铜线传输进本地联网电话公司的一个盒子。这个盒子里有成百上千对铜线。

2. 电话接着通向"电子集中器"，在此被数字化，采样速率为八千次/秒。

3. 数字化信息通过同轴电缆或光缆抵达电话公司的交换机站，随后去往目的地。

4. 如果是本地电话，信号会被回送给本地系统。如果是长途电话，信号会发往长途网络。

5. 长途电话可能用电缆、微波塔或卫星传送。

西街 140 号

纽约最受人瞩目的交换机站之一坐落于西街 140 号，它建造于一九二六年，有三十一层，原本是纽约电话公司总部，现在是威瑞森公司的中央办公室。它由钢铁、砖块和石头建成，911 事件中，它旁边的世贸中心 7 号楼倒塌，但它存活了下来。

托马斯街 33 号

二十九层楼高的长线大楼（"长线"原来是负责 AT&T 长途电话网的部门的名称）矗立在曼哈顿下城区。这栋楼建造于一九七四年，据说能够承受核爆炸散落物，并有足以运转整整两周的备用能源。

第十大道 811 号

隶属于 AT&T，和该公司位于克林顿区的其他交换机站一样，功能决定了它的外观。

珍珠街 375 号

纽约电话公司珍珠街交换机站在布鲁克林大桥附近，外部覆盖着白色大理石板，窗户是黑色竖条状。

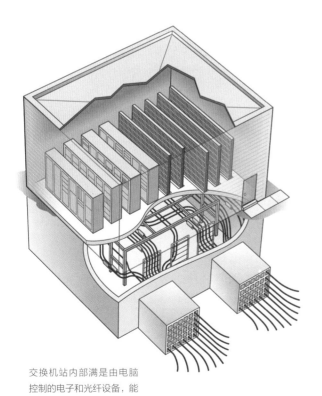

交换机站内部满是由电脑控制的电子和光纤设备，能够为语音呼叫和数据电路提供不同的连接路径。

交换机站

交换机站是电话通讯的关键，纽约五个区分布着约八十个交换机站。站内有一系列复杂的由电脑控制的电子与光纤设备，有多种用途：呼叫处理、开账单、分配，以及为用户提供的其他功能。站中还有精密的电力、通风、冷却系统，以确保设施的持续运行。很多交换机站的一大特点是没有窗户，没有玻璃窗，就可以保护电话接线器和敏感的电子设备不受灰尘、温度和湿度的影响。

除了交换机站，纽约的通讯基础设施还包括将网络运营商和服务提供商容纳在一起的运营商大厦，以便于他们直接沟通，从而加强多种本地和长途网络的联系。也许世界上最重要的运营商大厦，就是前身为西部联合电报公司总部的曼哈顿哈德逊街 60 号大楼。这里有超过一百家国内国际电信公司，包括 AT&T、大东电报局、GTE 及后来的威瑞森公司、时代华纳电信、奎斯特通讯公司、环球电讯公司等。

电话

地下电缆

现在纽约街道地下有三种传送电话信号的电缆。最老的是铅包铜缆，但很多都已被塑包铜缆代替。功能更强的光缆正在逐渐取代前两种铜缆，成为传输电话信号更为理想的载体。但旧式铜缆的替换无法一夜之间完成：铜缆和光缆不能相连，所以只有当地下网络需要整块（从一家交换机站到另一家）替换时，才能换上光缆。

铜缆和光缆中的电线都是成对的，供信息一进一出。但光缆重量更轻，体积更小，不受潮湿环境和附近电流的影响，且负载量大得多。一根铜缆通常能以模拟信号传输二十五次对话，但一根比头发稍粗的光纤就能以数字信号传输十九万三千次对话。

光纤工作原理

光纤电缆是一束纤细的玻璃纤维，通过激光产生的光脉冲传输信息。为了将电话对话通过光纤传输，传统的模拟声音信号要先被转化为数字信号（由1和0组成，分别用灯光开闭表示）。位于光缆一端的激光不断闪烁，以每秒数十亿次的速度传输数据。现在，人们普遍使用几种不同颜色的激光对应同一光纤中的多种信号。

光缆中的光线会在"包层"上反射，从而在纤芯中传播。由于包层不吸收纤芯传输的任何光线，所以光波可以传输很长距离而毫无损失。光缆可以轻松地把信号传输五十英里。要输送得更远，就得依靠"设备屋"中的设备接收信号后，再无损地传播给下一段光缆。

铜缆是两千七百对铜线包成束，用不同颜色的线裹住，以便修复时易于识别。缆线约三英寸粗，用铝和氯丁橡胶绝缘。

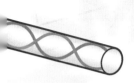

进行修复时，会有一条粗大的、袖状管道向窨井内部输送新鲜空气。开着的窨井口设置钢环，防止修复过程中有东西掉进来。

修复完成后，缆线会被放进高压密封的塑料或铅套里。套子破损会导致内部压强减小，从而触发警报。

线路故障

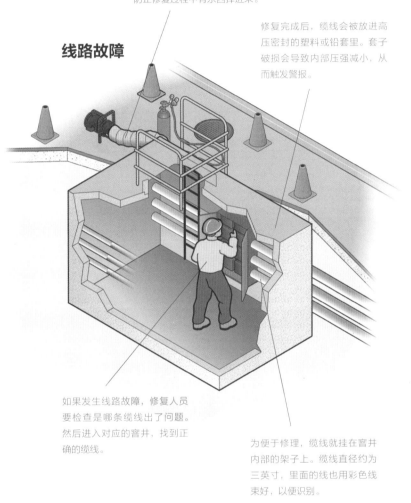

如果发生线路故障，修复人员要检查是哪条缆线出了问题。然后进入对应的窨井，找到正确的缆线。

为便于修理，缆线就挂在窨井内部的架子上。缆线直径约为三英寸，里面的线也用彩色线束好，以便识别。

神秘的银罐子

亮闪闪的银罐子已经成了纽约尤其是曼哈顿下城区街头一道奇怪而熟悉的风景。这些四十加仑的氮罐是威瑞森公司用来防止蒸汽和加热系统的潮气损坏地下电话线路的。罐内是华氏零下三百度的液氮，通过一条小橡胶管道输进窨井内部。液氮释放后，温度升高至华氏零下二百八十度，变为气体，可提高电话缆线的压强，并令其保持干燥。纽约街头常备有约五十个氮气罐，但每三天必更换一次。

增强电话信号

不管是什么信号，不管用铜缆还是光缆传输，都会随着距离增加而减弱。但由于光缆能更好地传输信号，用光缆时信号增强器间的距离可以比用铜缆时更远。

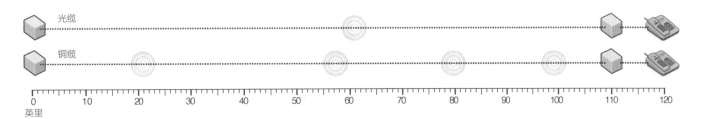

光缆

铜缆

0 10 20 30 40 50 60 70 80 90 100 110 120

英里

电话

手机

　　纽约市是美国最大的手机市场，每天有一半的电话是用手机打的。这个数字还在飞速增长，据估计，未来三年内手机通话时长将增加百分之三十七，固话通话时长将减少百分之八点四。但是，受欢迎并不代表服务水平高：根据受阻和断线的通话数量，很多调查都把纽约列为手机服务最差的都市之一。

　　即使是对于最有经验的无线运营商，纽约都是很棘手的市场。手机信号遇到高楼会受阻，而纽约有众多高楼，要让这些"死亡地带"活过来可不容易。系统还会因过载出现故障：市内注册的手机有数百万台，电话高峰期（如下午五点）"断线"情况相当常见。电话断线大多数时候只会引起不便，但有时也会导致严重的后果：二〇〇二年由于手机断线，约有十二万个报警电话没能接通。

手机工作原理

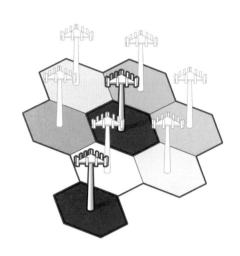

要理解手机的工作原理，最简单的是将它看作非常精密的双向无线电，可以在同一地理区域内的多个信道运行。每个地理区域都是蜂窝网络，分配有一组语音信道。

手机电话的旅程

荷兰隧道里的一辆车上有人打电话，这通电话由天线（辐射电缆）发送至隧道口的一台电脑上。

电话传送到电话呼叫人的服务提供商处，后者再将其输送至管理多个基站的电脑中心。

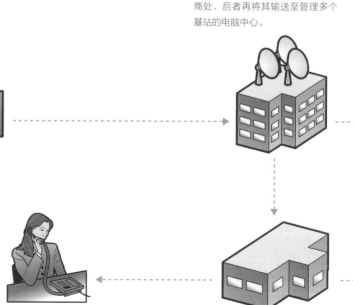

如果电话另一端用户使用不同的服务提供商或是固定电话，电话就传输至当地电话网络，当作固话处理。

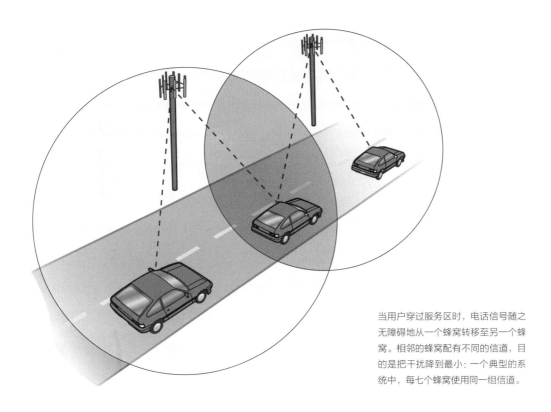

当用户穿过服务区时，电话信号随之无障碍地从一个蜂窝转移至另一个蜂窝。相邻的蜂窝配有不同的信道，目的是把干扰降到最小：一个典型的系统中，每七个蜂窝使用同一组信道。

如果电话另一端用户使用同一个服务提供商，电话就传输至电话接收人附近的天线上。

无线电波从天线传输至电话接收人处。

电话可能会经过好几个传送设施，才能最终抵达接收人的服务提供商。

电 话

投币电话

纽约有约一半的公用投币电话坐落在城市人行道上，由信息技术与电信部监管。该部门不负责监管地铁内（由大都会运输署负责）、城市公园内（由园林部负责）和私人财产内（如加油站、医院和办公楼）的电话。出于管理需要，人行道电话被分为两种：位于建筑线六英尺内的建筑线公用电话和六英尺外的路边公用电话。只有后者可以贴广告，且仅限于四家指定媒体代表的广告。

信息技术与电信部监管的三万台公共投币电话由六十三家公司负责。每家公司都拥有纽约市授予的特许权——安装、运营和维护市内人行道投币电话的非独占许可。除了特许权，每部付费电话还必须符合与行人活动和街道设施间距相关的选址标准。此外，还要通知相关的社区委员会和大楼业主（适用于建筑线公用电话）。电话安装受信息技术与电信部监管，以确保其符合标准；安装后也会持续受到监管，以确保其正常运作，并且得到定期清洗（每月两次）。

市内投币电话分布

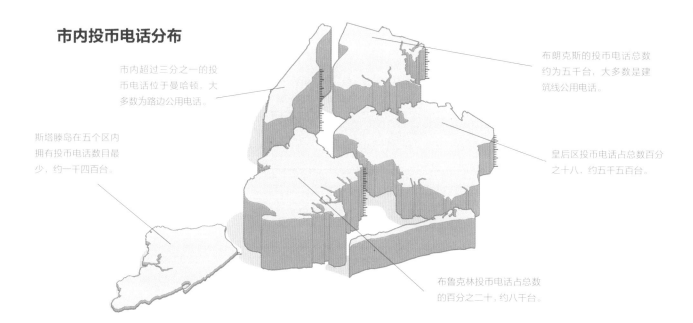

市内超过三分之一的投币电话位于曼哈顿，大多数为路边公用电话。

布朗克斯的投币电话总数约为五千台，大多数是建筑线公用电话。

斯塔滕岛在五个区内拥有投币电话数目最少，约一千四百台。

皇后区投币电话占总数百分之十八，约五千五百台。

布鲁克林投币电话占总数的百分之二十，约八千台。

数量庞大的投币电话

截至二〇〇四年春天，市内人行道投币电话数目将近三万台，另有三万台位于私有区域。虽然由于移动电话数目增加，付费电话使用量逐渐减少，但对付费电话的需求依然急迫。移动电话可能会没电、没信号，且五分之一的市民家中没有电话设施。

N11 码

N11 码让用户无须拨七位或十位电话号码，只拨三位数就能接通某处。电话网络被预设为可以将三位号码（如 911）转译为七或十一位电话号码拨出。一般来说，第一数位可以是 1 或 0 之外的任何数字，但后两位都是 1。

211: 社区信息和咨询服务

311: 非紧急警务和政府服务

411: 未定义，但全国运营商都用它进行电话号码查询服务

511: 交通运输信息

611: 未定义，但运营商常用它提供修理服务

711: 连接电信中继业务（全国范围）

811: 未定义，但常用作因公共设施或其他事项而进行街道挖掘前要拨打的电话

911: 未定义，但全国范围内用作紧急服务电话

311

纽约人最认可的城市电信创新举措，也许莫过于二〇〇三年三月 311 电话的开通。这一电话被用来取代四十多家呼叫中心，并辅助市内几十家相关机构。311 呼叫中心坐落于曼哈顿下城区的少女巷，二十四小时营业、全年无休地处理市民投诉。二百五十位工作人员以一百七十种语言解答市民关于市政服务的各种问题——从投诉路面有坑洞，到抱怨街灯损坏，再到咨询如何处理报废的空调。若来电提出了服务请求，如投诉噪音，则由计算机转接到相关部门如警察局，由其采取具体行动。

目前，311 话务员每天需处理四万至四万五千个来电。每次来电都由话务员及时处理。百分之九十五的来电在三十秒内得到接听，平均等待时长仅为七秒。有趣的是，311 服务开启的第一年里，911 报警电话的来电数目同比减少二十五万次，这是 911 电话开通十三年来第一次数目下降。

曼哈顿下城区少女巷，纽约 311 话务中心，有多达二百五十名话务员解答城市生活方方面面的问题。

311 呼叫处理

很多 311 呼叫涉及的问题是季节性的。311 来电近一半是打给某个具体部门，需要转接的。

其他 10%
服务请求 9%
提供信息 34%
转接相关部门 45%
转接 911 2%

311 来电的每日趋势和服务水平

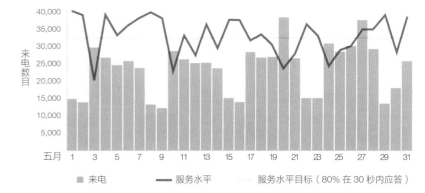

来电数目

五月 1 3 5 7 9 11 13 15 17 19 21 23 25 27 29 31

来电　服务水平　服务水平目标（80% 在 30 秒内应答）

311 中心记录每小时、每月及每年的来电数目，还记录三十秒内应答的来电是否达到百分之八十。纽约还会分析不同部门对转接呼叫的处理情况。

电 话

紧急通信

纽约几乎人人都知道报警电话号码 911，但很多人不知道这个号码并非只在纽约使用。从二十世纪八十年代早期开始，它就是全美国通用的报警电话了。在美国和加拿大百分之九十九的地区，用任何电话拨打 911 都会接通紧急调度中心，后者则会向来电者所在地派出相关的紧急应对人员。但手机例外，在某些地方，移动电话会拨打到州警局或高速公路巡逻队（而非当地警察），来电者说明地点后，才会被转接至相应的当地报警系统。

平均每分钟，纽约市民会向 911 拨打二十三次电话，即每年一千二百万次。接线员替警局接听这些电话。整个系统的运行成本主要由电话用户承担：自一九九二年起，911 的资金来源就是本州在电话账单中的附加费，原来是三十五美分，二〇〇二年提高到了一美元。手机用户也要交税，每月为"911 增强服务"缴纳一点二美元，这项升级服务可以追踪来电者地理位置，还要交三十美分本地附加费来"加强公共安全通信网"。

纽约处理 911 来电的各部门不是无缝连接的。负责应对的调度中心有八家，但许多信息没有共享。比如，警方的电脑会自动显示 911 来电者的地址，但是消防队无法见到这一信息。调度中心之间也有物理和技术上的隔阂，它们常

911 系统的今天和明天

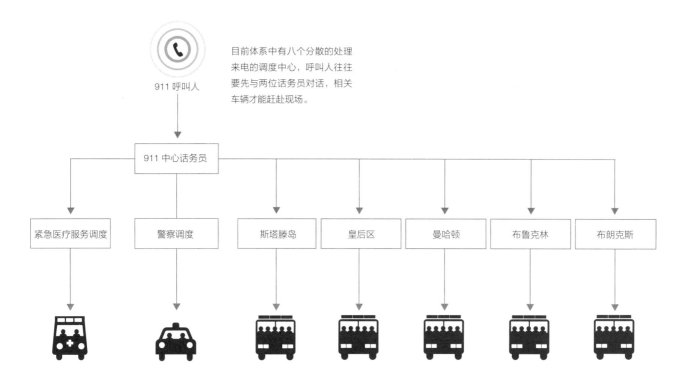

911 呼叫人

目前体系中有八个分散的处理来电的调度中心，呼叫人往往要先与两位话务员对话，相关车辆才能赶赴现场。

911 中心话务员

紧急医疗服务调度   警察调度   斯塔滕岛   皇后区   曼哈顿   布鲁克林   布朗克斯

常需要靠重拨至 911 系统来共享信息。即使同一组织内的操作中心也分布在不同地域，虽然消防队在一九九六年掌管了紧急医疗服务（EMS），但这两个机构依然在不同的调度中心，用不同的计算机进行工作。

如果目前整合 911 服务的计划能够实现，现状会得到改变。这个计划旨在将分散的计算机系统和调度中心整合为一个统一的计算机系统和两个一模一样的调度中心。（芝加哥有类似的系统，所有调度员在同一个地点工作，信息在警局和消防队的设备上都能快速显示。）但是这个计划面临着重大的技术难题与政治阻力，故而可能一拖再拖。

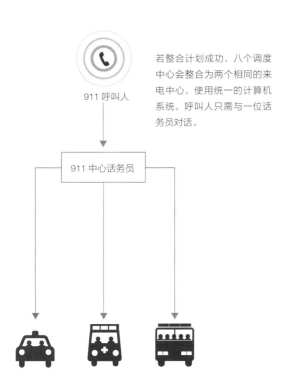

若整合计划成功，八个调度中心会整合为两个相同的来电中心，使用统一的计算机系统，呼叫人只需与一位话务员对话。

火警盒在很多城市街道都很常见，有的安装在柱子上，有的装在独立的装饰性基座上。火警盒的历史可以追溯至一八七〇年，消防队将火警盒装在了 14 街南部的电线杆上。当时的火警盒几乎没有留存下来，但目前街道上的大部分火警盒依然沿用了旧有技术：拉动旋转的编码轮，向其所在区的中心办公室发出信息说明盒子的号码，然后调度人员会将警报转达给相应的火警部门。（最新的火警盒装有对话机，呼叫人可以直接与警局或消防队对话。）虽然手机的普及让市民更加依赖911，但部分市民反对拆除火警盒，所以市政府依然需要对其进行维护。

邮件递送

邮件递送

纽约市每天要处理两千三百万封邮件，主要是在晚上。除了五大区分布的二百六十三家邮局以外，美国邮政服务（USPS）在市内还有五个处理中心，每个区一家，肯尼迪机场还有一家。占地二百二十万平方英尺的曼哈顿摩根处理与配送中心是全国最大也最繁忙的处理中心之一。

最早的官方邮政服务可追溯到一六七三年，是在纽约和波士顿之间开设的一月一次的邮政服务。虽然持续时间很短，但这条邮政路线成了波士顿邮政路，也是今天我们熟知的美国1号公路的一部分。一百年后的十八世纪中期，街道邮筒才问世。一八六三年，包括纽

老邮局（约一八九〇年）位于市政厅公园最南端。

约在内的美国四十九个最大的城市实现了免费邮递，而直到二十世纪初，同样的服务才在农村实现。

十九世纪大部分时期，邮政运输主要靠马车和邮递员步行。到世纪末，工程师设计出了在大城市运输邮件的方法：利用地下气动管道。这种管道最初于一八九三年在费城安装，整个系统是通过电动空气压缩机和旋转鼓风机，在密封的铸铁管道内推送两英尺长的钢瓶。这种直径八英寸的钢瓶每个可以放五百封信，时速可达三十英里。

一八九三年，美国气动服务公司在邮政总局和农产品交易所之间建立起了纽约第一条气动管道。管道很快拓展到了中央车站，向北到达哈莱姆，越过布鲁克林大桥抵达布鲁克林总邮局。纽约气动管道系统路线总长为二十七英里，连接着二十三家邮局。每条递送路线有一收一发两条管道。高峰时期，纽约邮

政总局发往分局的第一类邮件①有三分之一通过气动管道运输。

气动管道的高成本最终导致了它的衰落。一九一八年，联邦政府认为邮局的年租赁费用（每年每英里一万七千美元）过高，转而支持一种负载量更大的新运输工具——汽车。芝加哥、费城和圣路易斯先撤销了管道运输。纽约暂时停用，但在承包商的游说下，一九二二年管道运输恢复，一直运行至一九五三年。

气动管道资料

运营时间：

工作日早上五时至下午十时

周六早上五时至上午十时

输送效率：每分钟五个钢瓶

速度：每小时三十英里

压强：每英寸三至八磅

装载容器尺寸：二十四英寸长，八英寸宽

系统承载力：四百至五百封信

系统里程：二十六点九六英里，双向管道

运送数量：日均九万五千封信

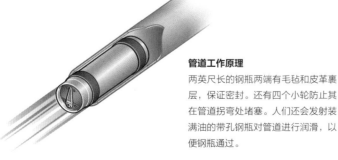

管道工作原理

两英尺长的钢瓶两端有毛毡和皮革裹层，保证密封。还有四个小轮防止其在管道拐弯处堵塞。人们还会发射装满油的带孔钢瓶对管道进行润滑，以便钢瓶通过。

---

①第一类邮件包括信、明信片及限定重量的小件包裹。

气压管道邮政网络

两个最北端的站点是曼哈顿维尔和三区，信件从这里到先锋广场，耗时十五至二十分钟。

从先锋广场的邮政总局到自然历史博物馆附近的天文馆邮局耗时十一分钟。

从先锋广场的邮政总局到中央车站耗时仅四分钟。

从教堂街邮局到布鲁克林总邮局须穿过东河下方，耗时四分钟。

气动管道邮政网络位于街面下方四至六英尺，从市政厅向北形成环路，并从市政厅延长至布鲁克林。

曼哈顿维尔　三区

晨边

大教堂　地狱门

天文馆　格雷西

安索尼亚　伦诺克斯山

无线电城

时代广场　中央车站

车库邮局　默里山

邮政总局

摩根　麦迪逊广场

老切尔西　汤普金斯广场

库珀

格林威治村

普林斯

坚尼街　尼可鲍克

教堂街

博林格林　华尔街　总邮局

3 min.　2 min.　3 min.　3 min.　2 min.　4 min.　3 min.　4 min.　2 min.　3 min.　4 min.　4 min.　4 min.　4 min.　2 min.　3 min.　2 min.　3 min.　5 min.　3 min.　3 min.　4 min.　2 min.　2 min.　1 min.

邮件递送

邮递

纽约市的邮政系统规模巨大，邮局和处理中心共有两万多名雇员。虽然人数众多，但他们当中很少有人会真正接触到人们投放在当地邮筒的邮件。百分之九十的邮件是由机器处理的。只有地址错误或不明，或者出现邮件损坏时，才进行人工干预。

收集邮件后，会直接运送或通过当地分局送至纽约五大处理中心之一，然后经过分类和盖戳机器。紫外灯捕捉到邮票上的磷光染料后，盖上邮戳，将邮件装箱，然后运送到信件分类机处。邮件经过长长的传送带，根据邮政编码被分类，与同一目的地的邮件打包到一起。

邮件分拣处将邮件分为水陆路运输和空运。非本地和邻近州市的信件由货车运送至本地三家机场之一。这三家机场都配备有邮政设施，在那里，邮件将被扎捆，送到各航空公司装上商用机。理论上说本地邮件第二天就能送到，去往邻

邮件派送的步骤

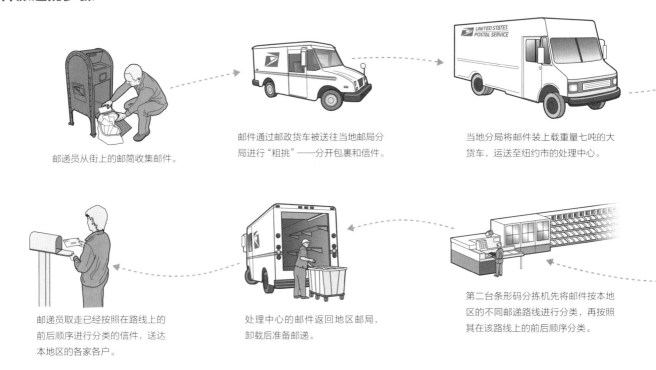

邮递员从街上的邮筒收集邮件。

邮件通过邮政货车被送往当地邮局分局进行"粗挑"——分开包裹和信件。

当地分局将邮件装上载重量七吨的大货车，运送至纽约市的处理中心。

邮递员取走已经按照在路线上的前后顺序进行分类的信件，送达本地区的各家各户。

处理中心的邮件返回地区邮局，卸载后准备邮递。

第二台条形码分拣机先将邮件按本地区的不同邮递路线进行分类，再按照其在该路线上的前后顺序分类。

邮件接力

很多纽约人熟悉市内八千多个蓝色邮筒，但对橄榄绿色的"接力箱"不太了解。接力箱能让邮件太多导致无法塞进邮车或邮包的邮递员暂时放置邮件。邮政车先将预先分拣好的邮件放进适当地点的接力箱，等待邮递员进行下一轮投递时来收取。

州的邮件耗时两天，东海岸去往西海岸的邮件耗时三天。

　　无法投递且无寄件地址的邮件会被送往明尼阿波利斯的"邮件回收中心"——也叫"无用信件办公室"。在当中的一个"无法投递邮件"部门，损坏的邮件会被裹上塑料层。由于地址不完整导致邮政网点无法识别的邮件，如"堪萨斯城警察局长收"，会被改成完整地址再次投递。邮政网点每天要处理大约三十个钱包，以及各种各样的钥匙和杯子。

传送带将手写和打印的信件传送至多线程光符阅读机，后者会"读取"信封，然后印上九位数条形码。阅读机每秒处理十三封邮件

在处理中心，工作人员将一大篮信件倾倒在传送带上。传送带通过一系列滑道，将太厚太大的包裹与由机器读取的信件分开。

信件来到"高级盖销机"，该机器会将所有信件翻到同一面，然后读取邮票、进行盖销。机器还能将其分为三类：手写、打印和"客户事先贴过条形码"的信件。

邮局用远程条形码系统处理"高级盖销机"无法识别的地址，拍摄信封地址的视频图像，发往邮局的远程计算机阅读机，由后者尝试匹配视频截图与存档的地址。

条形码分拣机以每小时四万封的速度扫读条形码后，将信件按照邮编分类。

信件在处理中心装车后去往各地，或去往机场。抵达地方处理中心后，邮件被称重，送往条形码分拣机。

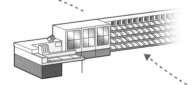

通过视频图像处理的信件信息返回后，放进条形码分拣机中。

如果无法匹配，视频图像则被送往纽约市外的一处设施，由邮局操作员阅读地址，确认邮政编码，再将信息传送回处理中心。

邮件递送

邮政编码

众所周知，邮政编码不是地区性的，而是全国性的。美国邮政系统于一九六三年启用地区改进计划（ZIP）编码，即邮政编码。这种五位数编码至今仍在沿用，为全国的邮政投递带来便利。

对邮局来说，邮政编码的每一位都有特别的意义。第一位代表全国十大地理区域之一：0为东北，1为纽约，9为加州和西海岸。第二、三位代表市区和拥有同样交通系统的中心地区。最后两位代表大城市的地区邮局或邮区。

邮政编码的出现为邮件处理带来了一场革命，它让地址能够方便地转化为条形码，不再需要邮政员工进行邮件分类的大量重复劳动。条形码可以放进分拣机，按照邮件的寄送城市、街道自动分类。

一九八三年，ZIP+4邮编问世，全国邮递进一步自动化。

雨雪也无法阻挡

31街和33街之间、位于第八大道的詹姆斯·法利邮局大楼可能是纽约识别度最高的邮局。它的铭文是："雨雪、炎热和昏暗的夜，都无法阻挡信使完成肩负的使命。"这并非邮局的官方口号，其实出自古希腊历史学家希罗多德，原本说的是公元前五百年左右由波斯人组成、以马匹为交通工具的信使团体。

由于大楼已经是国家历史地标，这一铭文还会继续保留，但在未来，邮局只会占用大楼的一小部分。二〇〇二年，大楼被转让给纽约帝国州开发公司下属的宾夕法尼亚站土地开发公司，并纳入了开发计划。大楼总面积一百五十万平方英尺，只有约二十万英尺的面积将依然属于邮局，主要用作快件处理、货车装卸台、邮票仓库。邮政大厅还会继续营业。

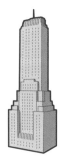

章宁大厦
10168

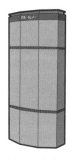

大都会人寿大厦
10166

西格拉姆大厦
10152

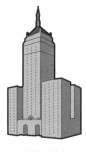

汉姆斯利大厦
10169

公园大道广场
10055

新加的四位数字能够更精确地定位邮件的目的地。第六和七位代表"投递区",如街区、街道、办公楼等;第八和九位代表特定的投递部门,如办公楼的楼层或交叉路口某个方向的建筑。

虽在别的地方很少见,但纽约不少大楼拥有自己的邮编。如世贸中心的邮编为 10048,这些大楼当中的一万六千个具体地址的日均收件量约为八万五千封。目前,纽约市有四十四栋建筑——从帝国大厦到伍尔沃斯大厦都拥有自己的专属邮编。

大量的邮政编码

纽约市有超过一百个独一无二的邮政编码和几十家不同的邮局,更不用说曼哈顿还有四十四栋大厦拥有自己的邮政编码。

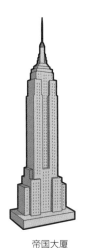

帝国大厦
10118

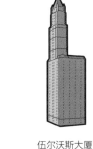

伍尔沃斯大厦
10279

世界金融中心
10281

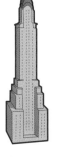

克莱斯勒大厦
10174

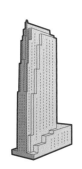

GE 大楼／洛克菲勒广场 30 号
10112

无线电波

　　同美国所有大城市一样，纽约的大部分通讯不是在地下传输，而是通过无线电波进行的。无线电波也叫作"电磁波谱"，能够对我们生活中的种种便利设施提供技术支持，如电台、广播电视、手机、无线网络、汽车报警器、车库门遥控装置等等。为了防止干扰，每种工具的电波频率都稍有不同。

　　波谱本质上是划分无线电波的方法，以不同的频率（单位是赫兹和兆赫）和不同的波长（波峰与波谷间的距离）传播。波长大小影响着电波通过物体的能力：波长减小（频率增加）时，其穿过墙壁甚至风暴等障碍物的能力就减小。这就导致了高频率的电波价值较小。广播和手机的电波需要穿透建筑，因此必须占据较低的频率。整个波谱的总估值为

七千八百亿美元，另外，近期波谱拍卖的估价要远超这个数字。

　　波谱的分配（如汽车报警器为三百兆赫，植入医疗器械为四百兆赫）不由地区决定，而由联邦政府决定。一九三四年，因海洋撞船事故频发，国会通过了《一九三四年通信法案》，自此由联邦通信委员会（FCC）来分配并监管电波。FCC 负责对电波进行批准和协调，管理范围囊括了电磁波谱的各波段——如业余波段、手机波段、寻呼波段、宽带波段等等。联邦政府将八百兆赫波段留给地方政府自行处理，但必须用于公共安全事务，地方政府必须向 FCC 提交相关使用方案。

美国全国广播公司（NBC）的前身美国电台公司，通过纽约 WJZ 电台进行早期的广播。

洛克菲勒中心的历史与现状

纽约市与广播电视历史联系最为紧密的，可能就是洛克菲勒广场30号了。一九三三年NBC在此建立了电台网络，包括二十二所广播站和五间试听室、会客室与观察室、开关房、主控制室及技术设施。这些设备同时支持两个网络和两家地方电台。

这时，NBC已经收购了美国无线电公司（RCA）的W2XBS——一个实验性质的电视台。一九三九年四月三十日，W2XBS成了整个行业中首家定期播出节目的电视台。两年后的一九四一年，W2XBS的继任WNBT播出了《真相或后果》及《吉姆叔叔的提问》，标志着商业电视的诞生。宝路华和宝洁都是该电视台最早的赞助商。

现在，隶属于通用电气的NBC依然坐落于洛克菲勒中心。洛克菲勒广场30号及周围的建筑群中，有很多的制作中心，生产着《周六夜现场》《柯南秀》等美国最受欢迎的娱乐电视节目。还有很多收视率很高的新闻栏目也在此播出，如《NBC夜间新闻》《今日秀》等。

对于纽约人来说，除了手机以外，电台和电视是日常生活中涉及无线电波的最重要的部分。纽约有大约七十所广播站，是美国最大的都市广播市场，五大区共拥有超过一千五百万听众。排名第二的是洛杉矶，听众接近一千一百万。

纽约对电视产业来说也同样重要。早在一九四八年，纽约大都会区拥有电视的家庭数目就超过了费城、洛杉矶和芝加哥的总和。五十年代，CBS估算纽约拥有全国五分之一的观众。现在，纽约有约七百万家庭拥有电视，遥遥领先于其他地区。洛杉矶的用户接近五百万，这两座城市相加，共占据全国观众的百分之十二。

波谱分割

电磁波谱一般叫作电波或无线电波，很多日常通信工具使用它的不同频率。

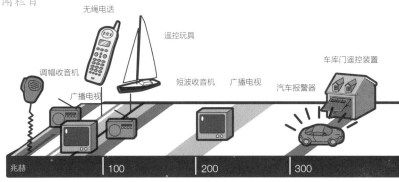

无线电波

电视

广播电视是最常见的使用电波的装置。纽约市的大多数电视可以免费接收到几十个本地地面频道。各区居民按照居住的地理位置，还可能接收到新泽西、康涅狄格及长岛的频道。虽然有线电视及有线频道在不断增加，广播电视的用户依然很多，使用主要广播电视网观看本地新闻的纽约居民数目远超使用有线电视的用户。

纽约的电视市场不仅规模大，而且地位重要。三大主要电视公司——哥伦比亚广播公司（CBS）、美国全国广播公司（NBC）、美国广播公司（ABC）的总部都在纽约：CBS位于西57街的黑岩，ABC位于林肯中心，NBC位于洛克菲勒中心。这三家公司都从纽约播报它们的标志性新闻节目：夜间新闻。

全国新闻播送

每晚，全国新闻都由曼哈顿西66街的ABC制作中心为起点播送。新闻通过电缆传至纽约当地的下设机构，同时通过卫星传送至全国其他地区的下设机构。

本地传送（至当地观众）
在纽约西66街的ABC电视网大楼，同轴电缆将电视信号传输至当地下设机构WABC。

信号从 WABC 电缆传输至：
当地有线电视公司的前端，如23街的时代华纳。
帝国大厦，转为广播信号传输。
DTV分配中心，通过卫星传输信号。

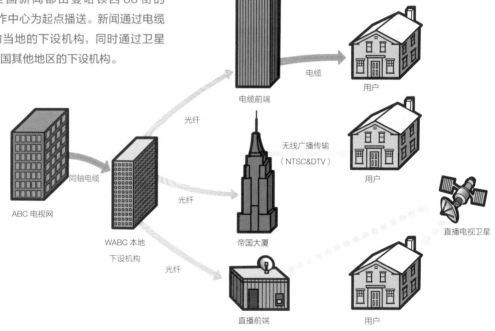

电缆前端
光纤
电缆
用户

同轴电缆
ABC电视网

WABC本地
下设机构

光纤
无线广播传输
（NTSC&DTV）
帝国大厦
用户

光纤
直播前端
直播电视卫星
用户
用户

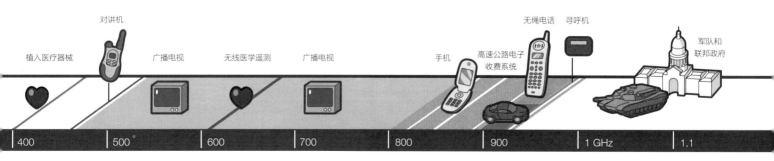

植入医疗器械　对讲机　广播电视　无线医学遥测　广播电视　手机　高速公路电子收费系统　无绳电话　寻呼机　军队和联邦政府

400　500　600　700　800　900　1 GHz　1.1

播送本地新闻

你有没有好奇过，为什么本地记者能第一时间赶到犯罪或火灾现场？答案很简单：本地新闻站的采访调派部长期收听警局及其他应急服务的广播，一旦有新闻就会立即派车前往。车上装有微波天线，将视频传送回新闻站。但由于城市建筑的高度，发射和接收天线之间时有障碍物。因此人们会利用大楼表面反射微波信号，或是用直升机进行中继。

全国传送（至外地观众）
ABC 九点一米的 C 波段上行传输雷达将电视信号发送至两台卫星。（之所以使用两台卫星，是为防止一台损坏造成节目中断。）

全国的地方下设机构接收到信号后：
发出观众或有线电视公司前端能接收的无线信号。
通过电缆将信号传送至直播电视（DTV）前端，再从这里转送至直播电视卫星。

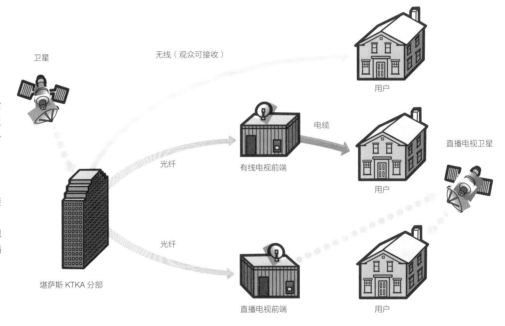

卫星　无线（观众可接收）　用户　电缆　直播电视卫星　有线电视前端　用户　光纤　光纤　堪萨斯 KTKA 分部　直播电视前端　用户

全球定位系统　无线医学遥测　全球定位系统　卫星电话　手机

1.2　1.3　1.4　1.5　1.6　1.7　1.8　1.9

无线电波

有线电视

　　总的来说，广播电视很适合纽约这样的大都市，因为在这里，它传统的七十五英里接收区域内人群集中，且人均收入较高，所以纽约是优秀的广告市场。过去，纽约给广播电视商出过一道难题：曼哈顿高楼林立，会干扰信号的接收，不过近年来，广播电视商已经开发了多种多样的方法来传送电视信号。

　　有线电视是传统广播电视最优秀的替代品。有线电视公司从地面发射台等处获得广播信号，放大后通过城市街面下方或电线杆上面的电缆再次传播。用户每月付的钱既包括传送设施的使用费，也包括节目本身的费用。

　　虽然严格说来，纽约五大区共有九家不同的有线电视经销商，但控制它们的商业有线电视公司只有两家：美国有线电视公司和时代华纳。这些经销商从纽约市信息技术与电信部获得许可，每次的许可期限是十年。其经销权明确限定了地理范围；经销商不仅必须为该区域内的所有居民提供服务，还要为消防队、养老院和学校等社区服务场所提供服务。政府收取收入总值的百分之五左右作为许可费。

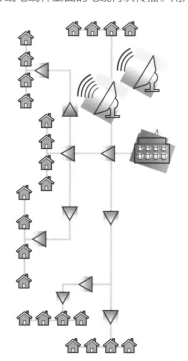

有线电视运作原理

有线电视系统通过地面或卫星接收天线来接收节目，也可以播送本社区的节目。从前端开始，系统的干线将信号传输至居民点，可以用同轴电缆，现在光缆也用得越来越多。居民点的分配电缆穿过各用户，与用户住宅的引入电缆相接。此外还布置了专门的信号放大器来无扭曲地将信号放大，以传输至多个用户。

有线电视经销商一览

时代华纳
（斯塔滕岛）

卫星广播　　无绳电话　　卫星电话

微波炉　　　　　　　　　　天气雷达

无线网络

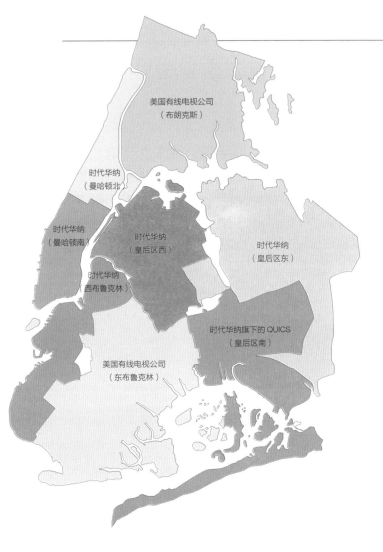

时代华纳
（曼哈顿北）

美国有线电视公司
（布朗克斯）

时代华纳
（曼哈顿南）

时代华纳
（皇后区西）

时代华纳
（皇后区东）

时代华纳
（西布鲁克林）

时代华纳旗下的 QUICS
（皇后区南）

美国有线电视公司
（东布鲁克林）

卫星广播

虽然卫星电视在纽约的普及程度不如美国其他城市，但卫星依然是纽约电信基础设施至关重要的组成部分。没有卫星，广播电视与有线电视的播送范围和质量都会严重受损。

简单地说，卫星技术就是从环绕地球运行的卫星上传送广播信号。这些卫星都在"地球同步轨道"上，以地球自转的速度围绕地球旋转，因而与地球保持相对静止。商业大厦或住宅楼上的圆盘式卫星电视天线在安装时就与卫星对应，并从那时起（至少就理论而言）就能畅通无阻地接收从地球上其他地方传来的信号。

卫星基本知识

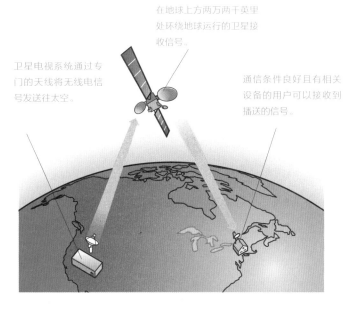

在地球上方两万两千英里处环绕地球运行的卫星接收信号。

卫星电视系统通过专门的天线将无线电信号发送往太空。

通信条件良好且有相关设备的用户可以接收到播送的信号。

纽约市有线电视用户百分比

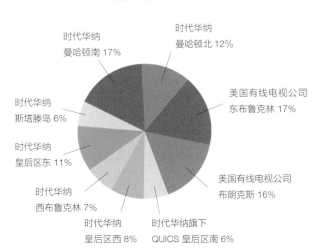

时代华纳
曼哈顿南 17%

时代华纳
曼哈顿北 12%

时代华纳
斯塔滕岛 6%

美国有线电视公司
东布鲁克林 17%

时代华纳
皇后区东 11%

时代华纳
西布鲁克林 7%

美国有线电视公司
布朗克斯 16%

时代华纳
皇后区西 8%

时代华纳旗下
QUICS 皇后区南 6%

固定卫星通信

无线电波

无线电技术

纽约的无线电广播在技术上与其他城市没有差别。声波扰动话筒中的电流，音频电信号传至传输器，并作为无线电信号被传输至天线。然后，天线会将无线电波发射出去，本地区任何将接收设备调到相应频道的用户都可以接收。

和其他地区一样，纽约的无线电传输也有两种方式：调幅 (AM) 和调频 (FM)。调幅传输使用的无线电波频率较低（五百四十至一千七百千赫兹），传输距离较远。其传播使用的可以是地波，也可以是反射回地球的天波。图片、视频、部分电视信号以及很多电台广播都采用调幅传播。

相对的，调频传输使用电波的频率更高（八十八至一百零八兆赫）。这些电波不能被地球大气层反射，因此传播距离较短，一般是十五至六十五英里。但这些电波不易受静电等干扰，能更好地再现播音的原声。电视信号的声音部分、很多电台以及纽约几乎所有的无线设备都使用调频传播。

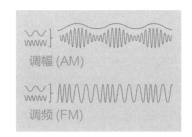

调幅 (AM) 和调频 (FM)

大多数纽约人都知道无线电传输有两种方式：调幅 (AM) 和调频 (FM)。调幅（即振幅调制）使载波的振幅按照电波的变化而变化。而相对的，调频（即频率调制）则使载波的频率随电波的变化而变化。

无线电台的地理位置

虽然纽约大都市区的无线电台分布于各地，但在曼哈顿中城的帝国大厦最为集中。

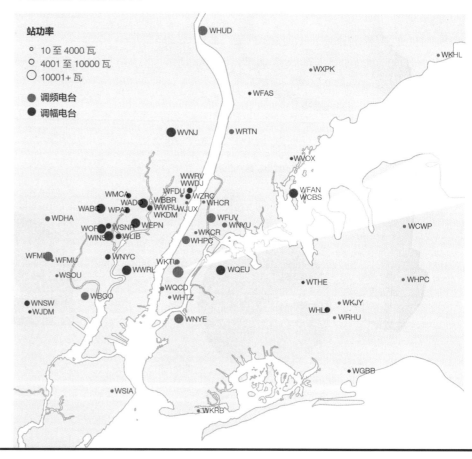

站功率

符号	功率
◦	10 至 4000 瓦
○	4001 至 10000 瓦
◯	10001+ 瓦
●	调频电台
●	调幅电台

固定卫星通信

帝国大厦自一九三一年启用以来，顶部就设有天线。同年十二月，NBC 在此发射了第一个实验性质的电台信号。十年后，NBC 开始从大厦播送第一套商业节目。

现在的电视塔底座原本设计为飞艇系留塔。但是当时未考虑到该高度的紊乱气流，飞艇降落了几次都不成功，该计划流产。这个二十二层、二百二十二英尺高、六十吨重的桅杆式结构于一九五〇年建于楼顶。

世界上第一个调频系统主天线诞生于帝国大厦，目的是让多个调频电台同时从一个源头进行广播。信号以环形方式输送，不仅覆盖本地区，还覆盖了约六十五英里以外的地区。现在很多电视台和电台依然通过帝国大厦的天线进行广播，包括 CBS、ABC、NBC、PBS、Fox、UPN 等。除了电视和电台广播，帝国大厦还设有电话传输设施，另外还是电视网远程传输、寻呼业务、微波传输、电影和体育赛事闭路广播的中枢。

从帝国大厦进行广播的电台

- WAXQ ● WPAT
- WBAI ● WPLJ
- WBLS ● WQCD
- WCAA ● WQHT
- WCBS ● WQXR
- WHTZ ● WRKS
- WLTW ● WSKQ
- WNEW ● WWPR
- WNYC ● WXRK

传输

整个纽约大都市区全天都在进行包括广播电视信号在内的无线电信号传输。911 之前，大多数电台网络通过世贸中心的天线输送电视信号，后来则主要依靠帝国大厦上的调频系统主天线。传自帝国大厦的信号采用的是视距传输，这意味着其传输距离在六十至七十英里之间。（纽约市内的大学电台发出的低功率调频信号传输距离在一英里到二三十英里之间。）

纽约大多数调幅电台的发射机不在纽约，而在新泽西。只有 WCBS 和 WFAN 位于布朗克斯区的城市岛，WQEW 位于皇后区的马斯佩斯。调幅电台与调频电台不同，不需要采用视距传输；调幅波在日间一般沿地面传播和被接收。盐水是很好的导体，所以 WCBS 和 WFAN 从市岛发出的信号能被从长岛海峡到科德角的广大区域接听，甚至连百慕大都能接收到。

夜晚的传输则不同。大气中的电离层能把信号反射到几百甚至几千英里远。由于长距离传输中可能产生的干扰，地区电台常在日落和日出之间调小发射机的功率。联邦通讯委员会曾选出一家"主要"电台在晚间使用"无干扰信道"广播，让更多人收听到清晰的节目——其传播半径达七百五十英里。现在，官方对本地其他调幅电台夜间广播的禁令基本解除了，有夜间节目的电台常常使用定向天线来防止电台间互相干扰。

即使在白天，电台也需要控制传输，以防周围电台的干扰。大多数调幅电台用定向天线来减小某些方向的信号强度，增大其他方向的强度。比如 WEPN1050 在新泽西巨人球场附近有三台发射塔，能将大部分信号传输至曼哈顿和长岛，将朝向费城的信号尽量减小。

报警器 交警测速雷达

| 4.6 | 4.7 | 4.8 | 4.9 | 5 GHz | 5.1 |

第五章
清洁

两百年前，纽约人在艰难地抵抗霍乱与黄热病；现在，纽约人则致力于让最小的鱼类也能在哈德逊河中存活。纽约的清洁程度之高史无前例，考虑到这里聚居着一千万人口，这个成就不可小觑。如何凭借有三百年历史的系统保持城市清洁，这可能是纽约基础设施最大的秘密。

纽约的供水系统作为十九世纪的工程奇迹，每天向城市消费者输送超过十亿加仑的水。下水道系统有六千英里长的地下管道和处理工厂，输送废水。垃圾处理系统将纽约人每天产生的两万五千吨垃圾全部送往城外处理。

供 水

纽约以其丰富而洁净的水源而闻名。由大坝、水库、隧道和渡槽构成的复杂网络，每天将十三亿加仑的水从纽约上州受保护的集水区送往五大区，还为周边各县超过一百万名消费者提供超过一亿加仑的水。

纽约的水源并非向来清洁又丰富。十七世纪早期，曼哈顿南端的小镇就从曼哈顿下城区富兰克林和珍珠街附近名为"集池"的四十八英亩泉水池获取水源。但由于没有任何设施处理水中人和动物产生的垃圾，当地汲取的井水常常是被污染的。

早在一七九九年，人们就意识到了不洁水源对人体的影响，于是曼哈顿

默里山配水池完工于一八四二年，位于 42 街与第五大道之间，就在当前纽约公共图书馆所在的位置。该配水池被设计为埃及式复古风格，有四十五英尺高的花岗岩石壁，以及两个可容纳二千四百万加仑水的储水池。

一家私人公司获得特许，在曼哈顿下城区的街面下铺设木制管道，为付费用户提供净水。但即使是这样，供应的水口感差，而且常常不干净，既没能控制住一八一九年和一八二二年黄热病的蔓延，也未能阻挡一八三二年和一八三四年霍乱的肆虐。

一八四二年，随着巴豆渡槽的开通，纽约终于获得了净水资源。韦斯特彻斯特的巴豆河上建起了大坝，水库为向南延伸长达三十英里的地下渡槽供水。渡槽先到约克维尔的接收水库（现为中央公园的大草坪），再到西 42 街默里山的配水池（现在纽约公共图书馆所在地），完全依靠重力供水，能每天提供三千万加仑的水，一直到十九世纪末都能满足城市日益增长的供水需求。

但十九世纪末二十世纪初，下水道、抽水马桶和家庭水龙头的发明导致用水量激增，远远超出了巴豆渡槽体系的供给能力。为了满足新的用水需求，一九

○五年纽约州通过法律，允许纽约在卡茨基尔购买土地。几个村的居民因此迁移，原来的村庄被淹没，阿索肯水库由此建立。人们以水库为起点，在哈德逊河底部通过爆破岩石建起了九十二英里长的沟槽，将水送到城市的各个角落。

大通银行的起源

第一次向市区有组织地输水是私企的功劳。一七九九年，纽约州议会赋予阿龙·伯尔新建的曼哈顿公司城市供水（一开始是用木制管道）的专营权。但公司没有按照原计划从外部引水，而是在当地挖井，并将水储存在了钱伯斯街的水库。这样一来，其水质和直接从"集池"引水相比并没有多大差别。但该公司还是因此兴旺，并用盈余开了银行——曼哈顿公司银行，结果利润比输水生意还要丰厚。随着银行业务的扩大，曼哈顿公司的供水业务不断减小，最终于一八○八年将供水业务卖给了市政府。曼哈顿公司银行历经数次合并，最近一次是大通曼哈顿银行和 J.P. 摩根公司的合并。

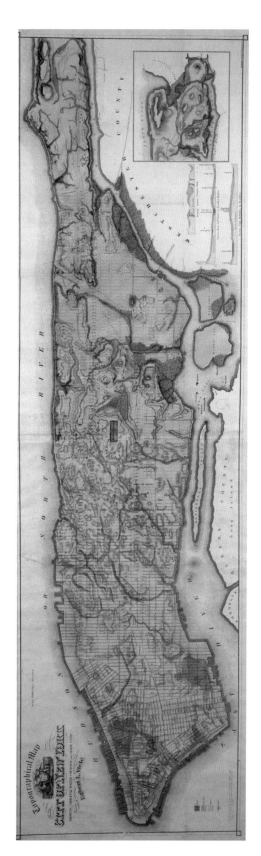

曼哈顿水文图

艾德伯格·卢多维克斯·维勒的水文图出版于一八八九年，详尽地绘出了纽约所有的天然水道，至今仍被工程师和开发商用作参考。

供 水

纽约供水网

特拉华系统

卡茨基尔系统

苏哈瑞水库

康纳斯维拉水库

帕派克顿水库

阿索肯水库

西特拉华隧道

东特拉华隧道

朗道特水库

奈福辛克水库

特拉华渡槽

哈德逊河

巴豆系统

切尔西泵站

西支水库

卡茨基尔渡槽

新巴豆水库

新巴豆渡槽

肯西科水库

山景水库

杰罗姆公园水库

银湖公园（地下储水箱）

即使巴豆和卡茨基尔的渡槽已经扩建，还是无法满足城市日益增长的用水需要，到一九三七年，距离纽约一百二十五英里的特拉华供水系统动工。这一工程征地面积超过一万三千英亩，淹没了很多乡镇和村庄，才建起足够的大坝和水库。为了将新的系统与市区相联，纽约市又建立了特拉华渡槽，其绵延八十五英里，连接着跨越乌尔斯特和苏利文县边界的朗道特水库与扬克斯的山景水库。

今天，特拉华供水系统的四个水库为纽约市提供约百分之五十的日常用水。另有百分之四十来自于位于格林、乌尔斯特和苏哈瑞县的卡茨基尔供水系统。剩余的百分之十来自于北韦斯特切斯特和帕特南县的巴豆供水系统的三座湖。整个供水系统共有五千八百亿加仑的贮水力，覆盖面积两千平方英里，面积相当于一个特拉华州。

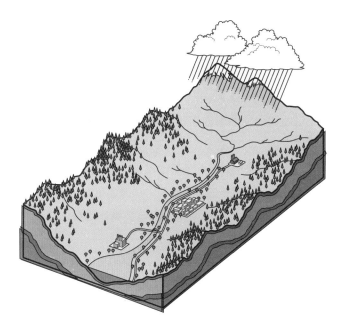

集水区常识
泄水至同一水道（河流、湖泊及地下蓄水层）的土地叫作集水区，其区域一般跨越县或州的边界。

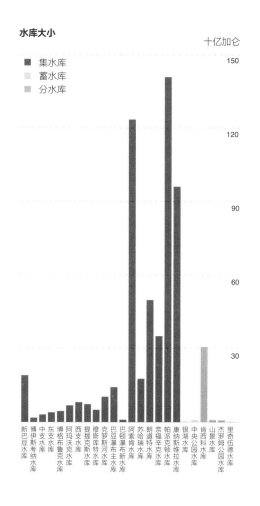

水库大小

十亿加仑

■ 集水库
□ 蓄水库
▨ 分水库

150

120

90

60

30

新巴豆水库
博伊斯考纳水库
中支水库
东支水库
博格布鲁克水库
阿玛沃克水库
西支水库
提提克斯水库
穆斯科特水库
克罗顿河水库
巴豆瀑布主水库
巴顿布新水库
阿索肯水库
苏瑞肯水库
朗道特水库
奈福辛克水库
帕派克顿水库
康纳斯维拉水库
银湖水库
中央公园水库
山景水库
杰罗姆公园水库
肯西科水库
里奇伍德水库

水库

纽约市供水系统有十八个集水库、两个蓄水库、四个分水库。其中分水库位于市区。集水库则分布在三个集水区：面积最小的巴豆集水区，有十二个水库和三口湖；卡茨基尔集水区有两个大型水库；特拉华集水区有四个水库。各水库的容量差别很大，巴豆供水体系的小水库容量在三十至一百亿加仑之间，最大的特拉华帕派克顿水库容量则为一千四百亿加仑。

十九世纪及二十世纪上半叶，为了建立这些水库，苏利文、特拉华、乌尔斯特和帕特南诸县约三十个社区被淹没。这个过程中集体搬迁的居民超过九千人，还有约一万一千五百个坟墓被挖掘、重埋。但它涉及的政治问题远远超出了移民和迁墓的范围：二十世纪二十年代末，新泽西州向最高法院上诉，意图阻止纽约市和纽约州使用特拉华河任何支流（即使是纽约州境内的支流）的水，但最终未能成功。

供 水

渡槽

为了将水从纽约上州的三个集水区输送给城市用户，纽约市建设了四个蔚为壮观的渡槽。最早的老巴豆渡槽于一九五五年废弃，其大部分水道现在供自行车与行人使用。另外三个——新巴豆、卡茨基尔和特拉华渡槽至今尚在使用，并依然是纽约市政工程最宏伟的成就。

新巴豆渡槽从原巴豆水库系统向南延伸至布朗克斯的杰罗姆公园水库，修建时间为一八八五年至一八九〇年，显著特征是有"排水孔"——隧道砖墙上有四英尺宽、八英尺长的开口，必要时可让地下水排进隧道。

卡茨基尔渡槽从卡茨基尔的阿索肯水库流至韦斯特切斯特县的肯西科接收水库，其特点是有非常特别的过河隧道——一条深一千一百英尺、从河床中穿过的隧道，经过哈德逊河西侧的斯特姆国王山与河东侧比肯附近的断脖山。

特拉华渡槽是纽约最新的渡槽，也是世界上最长的连续地下隧道。宽十三点五英尺，从跨越纽约上州乌尔斯特和苏利文县边界的朗道特水库至扬克斯山景水库，绵延八十五英里。

渡槽形状

服务纽约的三大渡槽系统在不同的部分有不同的形状，其中的一些横截面如图所示。

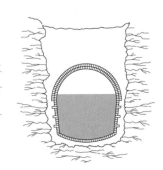

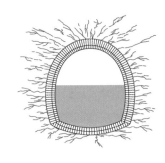

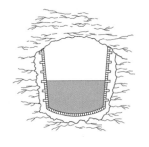

三大渡槽系统
为了应对不同的地形，渡槽系统沿途不同的部分有不同的深度。

卡茨基尔渡槽系统

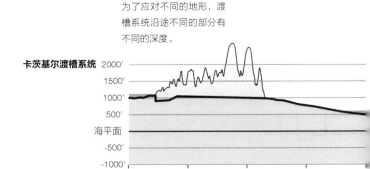

特拉华渡槽系统

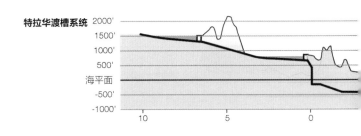

巴豆渡槽系统

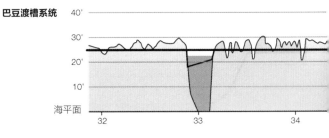

哈德逊河之下的水流

卡茨基尔隧道在哈德逊河最深的河段与其相交 —— 在纽堡南部的斯特姆国王山和比肯南边的断脖山之间。确认隧道过河的合适深度是非常艰巨的任务。

隧道的试验井用单只重达四十六吨的锻钢盖封口。

为了确认基岩的位置，河的两侧需各挖掘两口试验井。在每口试验井以下三百英尺处，钻机以四十三度角对向钻孔，在一千五百英尺深处相遇。如果同样的步骤能够以较小的钻凿角度完成，工程师就确定在两个交汇点之间的深度建造隧道是安全的。

在一千一百英尺深处，两个试验井之间钻出了直径十七英尺的圆形隧道。

为了保证稳定，至少要在一百五十英尺纵深的花岗岩下方修建隧道。

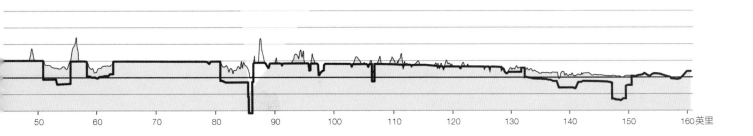

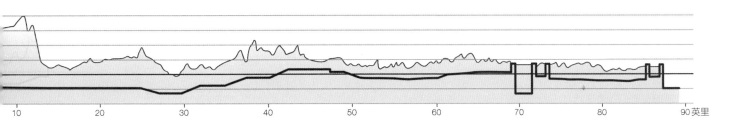

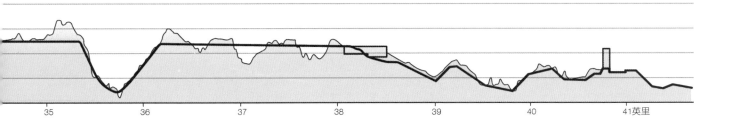

供 水

地区供水

纽约市供水靠的是蜿蜒于五大区的两条大隧道: 市区供水隧道 1 号和市区供水隧道 2 号。其中，市区供水隧道 1 号建成于一九一七年，蜿蜒十八英里，从扬克斯山景水库流经布朗克斯，跨越哈莱姆河，进入曼哈顿。它从中央公园下方和下东区下方流过，再从东河下方流至布鲁克林，终点在布鲁克林的第三大道和舍默霍恩街。隧道大多数地段上面覆盖了至少一百五十英尺岩石，深度在两百英尺至三百英尺之间，每天输送五至六亿加仑水。

市区供水隧道 2 号在特拉华渡槽系统开发时建成，一九三六年启用。其日均负载力在七亿至八亿加仑之间。它从扬克斯山景水库向南流经布朗克斯，跨过东河流至皇后区靠近阿斯托利亚处。它由此开始向西南蜿蜒，从上纽约湾下方流过，为斯塔滕岛供水。和供水隧道 1 号一样，也是建成后一直使用至今。

目前市区供水隧道 1 号和 2 号都亟需整修，但由于减小水压可能导致隧道损坏，两者都不能关闭后修复。为了停止使用问题管道并增加整个系统的负载力，纽约开始修建供水隧道 3 号，预计在二○二○年完工。

供水隧道 1 号和 2 号

纽约市现在几乎全靠二十世纪上半叶建造的两条大型供水隧道来实现净水在当地的供应。

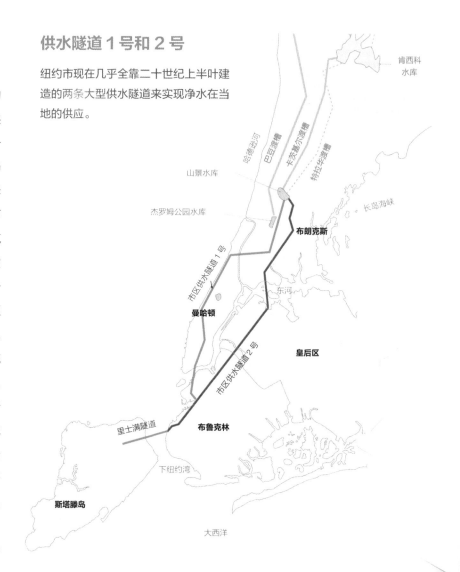

调节器和水压

和将水输送到城市边界的渡槽系统一样，向市内居民供水的系统也几乎只依靠重力：抵达山景水库的水海拔高达二百九十五英尺，产生的水压足够令其抵达五大区内大多数建筑的第六层。水以九十至一百磅每平方英尺的压强穿过高压干管，给消防栓供水的最低压强是三十五至六十磅每平方英寸。

实际上，由于系统水压太高，水到达地面时必须先降压，否则就会像喷泉一样冲开井盖。巴豆供水系统主要为曼哈顿和布朗克斯海拔较低的地带供水，水压（主要取决于杰罗姆公园水库的水位）会因为供水区的海拔与距离而自然减小。但卡茨基尔和特拉华供水系统的水压必须通过总供水网和配水网之间的调节器来减小。

纽约市供水的一小部分（百分之三至百分之五）在抵达用户前需要额外加压。市内三个海拔较高的地区修建了泵站：曼哈顿北部的华盛顿高地、皇后区东部的道格拉斯顿以及斯塔滕岛的格里姆斯山和托德山。

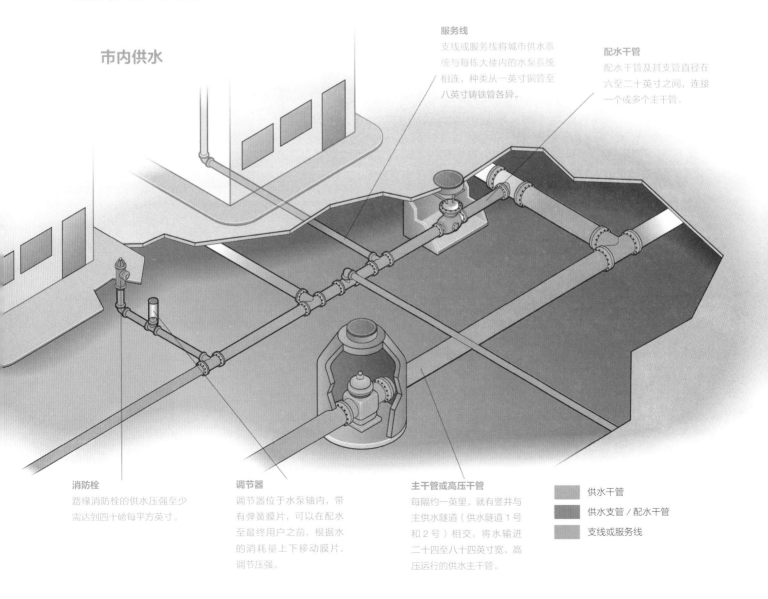

市内供水

服务线
支线或服务线将城市供水系统与每栋大楼内的水泵系统相连，种类从一英寸铜管至八英寸铸铁管各异。

配水干管
配水干管及其支管直径在六至二十英寸之间，连接一个或多个主干管。

消防栓
路缘消防栓的供水压强至少需达到四十磅每平方英寸。

调节器
调节器位于水泵轴内，带有弹簧膜片，可以在配水至最终用户之前，根据水的消耗量上下移动膜片、调节压强。

主干管或高压干管
每隔约一英里，就有竖井与主供水隧道（供水隧道1号和2号）相交，将水输进二十四至八十四英寸宽、高压运行的供水主干管。

供水干管
供水支管 / 配水干管
支线或服务线

供水

消防栓

对于纽约消防的核心——消防栓系统来说，维持城市供水干管的水压也许最为重要。市内有约十一万八千座消防栓，其中大多数构造类似：一条从配水干管上伸向路边的支线连接着"消防栓弯管"，消防栓则位于弯管之上。使用消防栓时，需取掉其防护帽，连上软管，拧动阀门螺母打开主阀门，让市政供水系统中的水流进入消防栓的水桶中。

今天的消防栓都是早期消防栓的直系后裔，后者于十九世纪初期出现在曼哈顿下城区（第一个消防栓于一八〇八年安装在威廉街与自由街的交汇处）。自那以来，消防栓经历的革新都不大：二十世纪之初，纽约启用了高压系统——使用了更粗的消防栓，直径更大的软管喷嘴，以及更高的水压——目的是服务曼哈顿与布鲁克林崛起的高楼以及康尼岛的游乐园。但这一系统一九八〇年被废止（尽管仍能在城中看到一些更粗的消防栓）。近来，纽约安装了"S系列"消防栓，它们配有一撞就破的凸缘，如果消防栓被汽车撞到，这种凸缘可以使配水干管免受破坏。

大多数消防栓需要每平方英寸不低于三十五至六十磅的水压，才能保证正常运作。纽约的最低水压为四十磅每平方英寸，尽管市政供水系统整体的设计意图是最低水压在四十五至六十磅每平方英寸之间。

当代消防栓

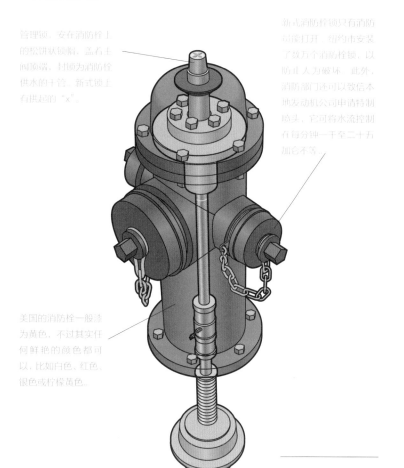

管理锁。安在消防栓上的松饼状锁帽，盖在末阀顶端，封锁为消防栓供水的干管。新式锁上在拱起的"X"。

新式消防栓锁只有消防栓才能打开。纽约市安装了数万个消防栓锁，以防止人为破坏。此外，消防部门还可以致信本地发动机公司申请特制喷头，定向将水流控制在每分钟一千至二十五加仑不等。

美国的消防栓一般涂为黄色，不过其实任何鲜艳的颜色都可以，比如白色、红色、银色或柠檬黄色。

小流氓 [1]

十九世纪上半叶，纽约在消防方面有着某种拓荒精神。为了管理新安装的消防栓，成立了一些消防栓公司，并迅速与发动机公司、水龙带公司（都是消防需要的器材公司）形成了不断变换的联盟。火灾发生时能最先赶到消防栓跟前，是消防栓公司成功的关键。为了提高成功机会，这些公司有时会在消防栓上盖水桶作掩护，以防被竞争公司发现。有时消防栓也会由帮派保护，这些帮派被亲昵地称为"小流氓"。

①原文 plug uglies 意味流氓、恶棍，而 plug 一词又有"消防栓"的含义。——译注

储水

虽然纽约上州的蓄水池有巨大的容量，但始终面临着缺水的问题。一九五二年纽约就出现了干旱，六十年代时常干旱，八十年代又发生了三次干旱。每次纽约市都采取了一系列措施：一九五二年尝试在卡茨基尔水库上方人工降雨；一九八一年通过系缚在乔治华盛顿大桥下层的大型管道从新泽西调水。一九八五年和一九八九年，使用了位于纽约北部六十五英里处、波基普西附近的切尔西泵站来汲取并过滤哈德逊河水，以供市区使用。

为确保满足夏季最干燥时期市民的用水需求，政府采取了一些举措。有段时间，环保局想将布鲁克林和皇后区不可饮用的井水打折出售给制造业有用水需求的工厂。同时还和大型商业用水单位讨论能否在可行时回收废水，以供应非饮用水。比如说，港务局每天清洗拉瓜迪亚和肯尼迪机场的飞机就耗水数万吨。

有紧急情况时，纽约有能力从河流和周边供水系统取水。波基普西附近的切尔西站可以每天过滤并汇集约三亿加仑的水，提供给卡梅尔的西支水库。另外，纽约的供水管还与服务于费城和新泽西中部的下特拉华系统相连。如果这些地区的下游用户拥有足够的备用供水，纽约还可以每天从这一系统中额外获得三亿加仑。

银湖

有些人用"腰带加背带"[1]来形容确保斯塔滕岛获得充足供水的措施。斯塔滕岛通过五英里长、十英尺宽的里士满隧道与布鲁克林的城市2号供水隧道相连，能够直接利用山景水库的水资源。斯塔滕岛还同时储存了紧急用水：两个容量为五千万加仑的水箱（被称为银湖储水水箱），在岛下二十英尺处储备了两天的供水量。它们是世界上最大的地下储水水箱，现在已经取代银湖水库，因为后者吸引了太多鸟，而鸟类粪便堆积成了一大难题。

干旱及耗水记录
百万加仑／天

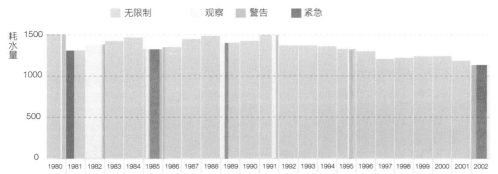

耗水量

| 无限制 | 观察 | 警告 | 紧急 |

① 意为"双重保险"。

供水

纽约的供水体系庞大、复杂而古老，时常发生泄漏也属正常。尤其是市内配水管及主干管，因为它们持续受到高压压迫。配水管有一半修建于二十世纪三十年代以前，材料为没有衬层的铸铁管；另一半修建时间稍晚，要么使用了新式铁材料，要么使用了混凝土衬砌，所以极大地提高了抗腐蚀与防故障的能力。

市内水管破裂常常引起媒体报道，但其实这些问题对供水体系的整体完好并无大碍。新闻价值较少但对于供水系统而言十分严重的问题是，向城市水库供水的渡槽上存在大量裂痕。渡槽上的这些裂痕每天漏水约三千六百万加仑——和每天成功输送给消费者的十三亿相比，这是小数目，但工程师担心它们会对隧道周围的岩石与土壤结构造成严重影响。

城市工程师最担忧的，是为城市供水最多的隧道特拉华渡槽。该渡槽深度达地面以下三百至两千四百英尺，存在多处泄漏——其中一处裂痕在纽堡的北角，靠近渡槽与哈德逊河的交叉处。罗斯顿镇附近的泄漏形成了一处淡水喷泉、一个四英尺深的湖及一处三十五英尺深的污水坑。供水体系的工程师非常担心不稳定的岩石结构——二十世纪四十年代早期水下隧道建造时期与一九五八年的干燥检查时均查出了问题——可能导致渡槽部分坍塌。

而现在，人们已经不可能再对渡槽进行干燥检查了：工程师担心，失去了内部水压的支持，由于渗漏而变得脆弱的隧道壁可能会碎裂。为了更好地了解并标记出特拉华渡槽上的裂缝，机器人设备穿过渡槽进行了检查，并记录下了隧道不同地段的状况。

纽约供水干管

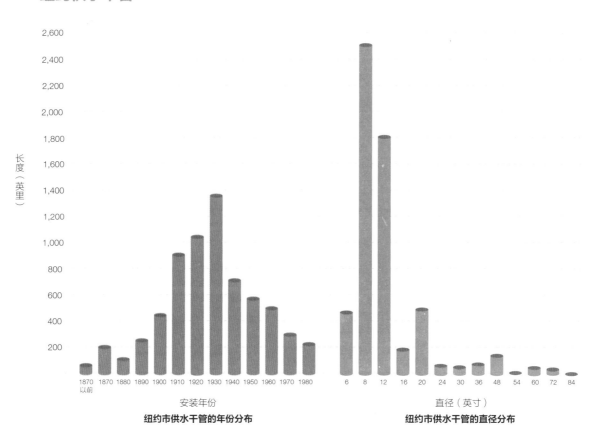

纽约市供水干管的年份分布

纽约市供水干管的直径分布

寻找泄漏

为了更好地理解特拉华渡槽的泄漏的性质，一家隧道勘察公司与科德角的伍兹霍尔海洋研究所联合设计了特制的鱼雷状机器人，可以操纵其通过渡槽的管道、记录内部情况。二〇〇三年六月，机器人成功地走完了渡槽朗道特西支隧道十五小时、四十五英里的路程。这次测试采集的数据将被用来标记出泄漏区域并制作修复计划。

水下机器人的计算机测定了水流、声音、地球磁场及隧道水压的变化，并拍摄了照片。

胡须状钛丝从机器人机头伸出，为机器人与隧道壁的碰撞提供缓冲。

机器人的设计及其安装程序使用了导航设备与声学信标，能使其固定于隧道正中央，机头中的五个相机可以对隧道壁进行三百六十度拍摄。

鱼雷状机器长九英尺，直径十六英寸，重达八百磅。

供 水

供水隧道 3 号

也许最令纽约人感兴趣的就是供水隧道 3 号的工程了，它已经开工三十五年，还需要至少十五年才能完工。它是纽约历史上最浩大的建筑工程，也是当今世界上最复杂的在建工程项目之一，要建成这条六十英里长的隧道，预计共需耗资六十亿美元。

隧道的筹备始于二十世纪五十年代，当时大家认为需要修建第三条隧道，以减少对现有两条隧道的依赖，好暂停使用这两条隧道，并对其进行必要的修复与维护。项目一期（包括建立三个庞大的阀室，十四口输送井以及一条从山景水库经过布朗克斯、曼哈顿、罗斯福岛往南通向阿斯托里亚的隧道）一九七〇年开始建设，八十年代基本完工，一九九八年投入使用。过去控制阀与隧道平齐，难以触及，但新隧道的阀门安装在易于接触的地下阀室中——其中最大的范科特兰公园阀室长达六百二十英尺（比两个首尾相接的足球场还长）。

项目二期正在施工。它分为两个部分：一个在曼哈顿，从中央公园沿着西区向南，再向东至南街海港，向北至东34 街；另一部分在布鲁克林／皇后区，经过红钩、马斯佩思、伍德赛德、阿斯托里亚，并将与斯塔滕岛的里士满隧道相连。

工程的最后两期——三与四期尚在规划与设计阶段。与前两期不同，三期工程将增加系统的供水能力，包括建立一条连接韦斯特切斯特县肯西科水库与范科特兰公园阀室的渡槽，为特拉华与卡茨基尔渡槽的水流提供另一条通往纽约的通道，且由于肯西科水库海拔较高，其水压也会高于现有线路。四期工程将建造一条十四英里长的扩展线路，从范科特兰公园新阀室向东南经布朗克斯，越过东河进入法拉盛。

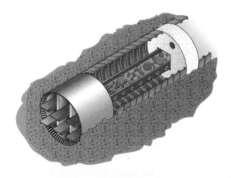

人与机器

曼哈顿基岩下方辛勤劳作的隧道开凿机与挖掘英吉利海峡的机器极为相似。它被人们叫作"鼹鼠"，用一系列持续旋转的钢材剪切工具削下岩石块，前进速度约为每天五十英尺，是使用传统钻孔与爆破技术的一期工程速度的两倍以上。该机器体积庞大，光主体就达五十英尺长，使用前只能将它的部件放入隧道竖井，在井底进行组装。

和机器一样有趣的是操作机器的人员。他们是"隧道工"，承担着市政部门中最危险的工作。供水隧道 3 号一期建设时，有二十四名隧道工牺牲。很多隧道工是新移民的后代。他们的父辈有的参与过哈德逊河底部卡茨基尔渡槽的建设，有的参与了纽约第一条行车隧道荷兰隧道的挖掘。隧道工的工作非常危险而且肮脏，不过工资有所提高，现在其年薪可达十二万美元。

阀室

工程师可以在阀室控制系统中的水流。供水系统最大的阀室是范科特兰公园阀室，它位于布朗克斯范科特兰公园之下。该阀室体积很大——长六百二十英尺，宽四十二英尺，高四十一英尺。阀室内有很粗的水管（直径八英尺），还有流量表可以测量、管理和控制来自特拉华和卡茨基尔渡槽的水流。

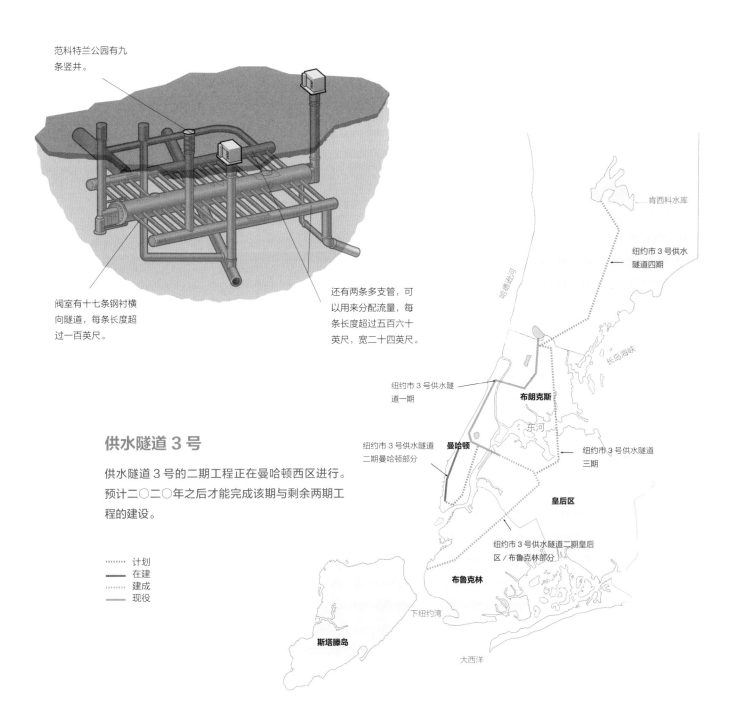

范科特兰公园有九条竖井。

阀室有十七条钢衬横向隧道，每条长度超过一百英尺。

还有两条多支管，可以用来分配流量，每条长度超过五百六十英尺，宽二十四英尺。

供水隧道 3 号

供水隧道 3 号的二期工程正在曼哈顿西区进行。预计二○二○年之后才能完成该期与剩余两期工程的建设。

········ 计划
──── 在建
········ 建成
──── 现役

肯西科水库

纽约市 3 号供水隧道四期

纽约市 3 号供水隧道一期

布朗克斯

长岛海峡

东河

哈德逊河

纽约市 3 号供水隧道二期曼哈顿部分

曼哈顿

纽约市 3 号供水隧道三期

皇后区

纽约市 3 号供水隧道二期皇后区／布鲁克林部分

布鲁克林

斯塔滕岛

下纽约湾

大西洋

供 水

水箱

十九世纪晚期的纽约，将水运送到楼顶是一项艰难的工程，因为建筑物修得越来越高，街道供水干管——压强不到每平方英寸五十至六十磅——最多只能把水送至六层。解决这个问题的是楼顶水塔，它由地下室水泵供水，缺水时投入使用。水塔不仅能够将水送至最高的楼层，还能用作水库，在用水高峰提供备用水资源。

虽然纽约不是美国唯一拥有水塔的城市，但水塔在纽约比在其他地方更加引人注目。圆锥顶的木质水塔已经成为天际风景线的一部分。现在在五大区共有约一点五万这样的水箱，这也体现了纽约高楼的年代久远。虽然纽约和其他城市的新建大厦倾向于使用更加现代化的水泵系统，需要时从地下室进行水循环，但屋顶水箱依然是最高效可信的持续供水方式，尤其是当水泵失灵时。

纽约水塔一般为木质，地板和墙壁铺设杉木板。木质水塔易于建造，因为不需要胶水或黏合剂：像木桶一样，木板周围镀锌钢圈的压力加上水箱填满时木头的膨胀都可以防止漏水。木头也是天然的隔热装置，三英寸厚的木头的隔热能力约等同于三十英寸厚的混凝土。

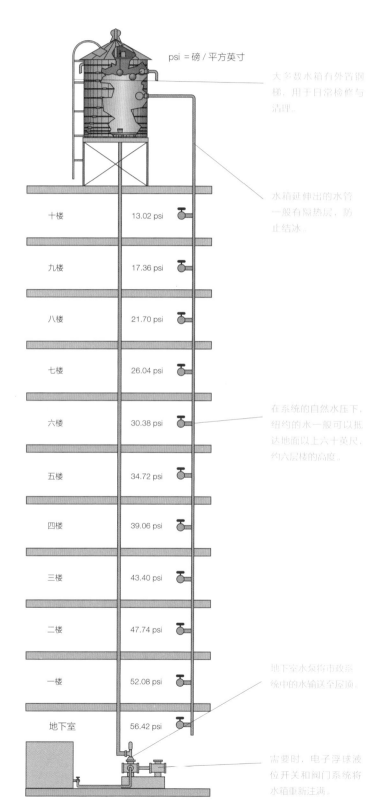

psi ＝磅／平方英寸

大多数水箱有外置钢梯，用于日常检修与清理。

水箱延伸出的水管一般有隔热层，防止结冰。

十楼	13.02 psi
九楼	17.36 psi
八楼	21.70 psi
七楼	26.04 psi
六楼	30.38 psi
五楼	34.72 psi
四楼	39.06 psi
三楼	43.40 psi
二楼	47.74 psi
一楼	52.08 psi
地下室	56.42 psi

在系统的自然水压下，纽约的水一般可以抵达地面以上六十英尺，约六层楼的高度。

地下室水泵将市政系统中的水输送至屋顶。

需要时，电子浮球液位开关和阀门系统将水箱重新注满。

耗水

纽约人耗水量较大，但还在正常范围。在过去二十年中，有数据表明纽约市人均耗水量在减少。二十世纪八十年代中期，纽约的日均耗水量一度接近十五亿吨，现在数字为十一亿吨。

除了市民的节水意识增强，导致耗水量减少的还有其他因素。过去，纽约按照建筑的临街面大小来收取固定的水费，但从一九八六年起，五大区开始采用基于耗水量的价格机制，并安装了水表，以减少水资源浪费。九十年代初，多项新建的城市住宅项目启用了小流量马桶、莲蓬头、水龙头等。同时，数万间公寓及家庭加入了漏水检测项目。

洗衣机平均每次使用五十六加仑水。

标准的马桶每冲一次耗水六加仑。

洗碗机每次运转耗水二十四加仑。

一般的淋浴设备，每分钟流出七加仑水。

喷洒面积为五分之一英亩的**草地喷灌器**每月耗水二十四加仑。

慢慢滴水的水龙头每天耗水十七加仑。

水表

纽约环保局使用的所有水表都有里程表式的读数。

水表的计量单位一般为立方英尺，每立方英尺相当于七点四八加仑。环保局按照一百立方英尺（HCF）单位计价：每一百立方英尺价格为一点六美元（1HCF 就相当于七百四十八加仑）。复合水表用于内部存在不同用水需求的建筑物，包含两个计水器，另有一套内部控制机制来根据流量大小向两个计水器分配水流。每个水表都有用于识别的唯一序列号。

供水

水处理

　　纽约的水源自农村，水质较清，但这不代表它不需要经过处理。人们在输水过程中加入了各种化学物质，以确保水流抵达市区时依然干净。先加入铝和其他化学品，形成絮状沉淀——沉淀过程中，有黏性的粒子会将灰尘吸附到水底；又在沿途多处加入氯，杀死细菌；加入氢氧化钠和磷酸以降低水的酸度，降低腐蚀性，减少其与建筑水管的铅和铜发生反应的可能性；还要加氟，使其浓度达到约一比一百万，目的是保护口腔健康。

- ● Cl 氯
- ● F 氟
- ● C$_u$SO$_4$ 硫酸铜
- ○ NaOH 氢氧化钠
- ● PO$_4$ 正磷酸盐

都市用水鸡尾酒

纽约的水中加入了多种化学品。水流在抵达扬克斯和布朗克斯的水库前，离开水库去往纽约配水系统或储存于中央公园和斯塔滕岛的银湖时，都要添加化学品。

长岛海峡

大西洋

为了确保水中添加的化学物质适量，也为了符合联邦与本州的饮用水规定，纽约环保局定期在全市检查水质样本。有两种采样点：一种是合规性采样点，它包括三个站点（其一为采样的站点，如果样本为阳性，再从其上游和下游的站点采样）；一种是监督性采样点，位于供水干管，主要作为水质问题的预警系统。这两种采样点的样本都要进行氯含量、酸碱度、有机无机污染物、细菌、气味等方面的分析。环保局还在监测作为城市某些地区（劳瑞顿、皇后村、坎布里亚高地等）补充水源的地下水。

和美国大多数大城市不同，纽约市不必对水进行过滤。（过滤需要将水通过层层由沙子、沙砾、炭组成的过滤装置，去除微小颗粒。）但一九九七年纽约市与联邦环保局达成了一道历史性的协议：纽约市同意在巴豆集水区建立过滤工厂——巴豆集水区是三个集水区中最先建立的，也是受郊区发展影响最大的。纽约将斥资改善哈德逊河西岸上州受影响的地区的情况，扩大集水区保护项目。作为回报，联邦环保局免除了纽约市对卡茨基尔和特拉华集水区进行过滤的义务。

曼哈顿水质采样点

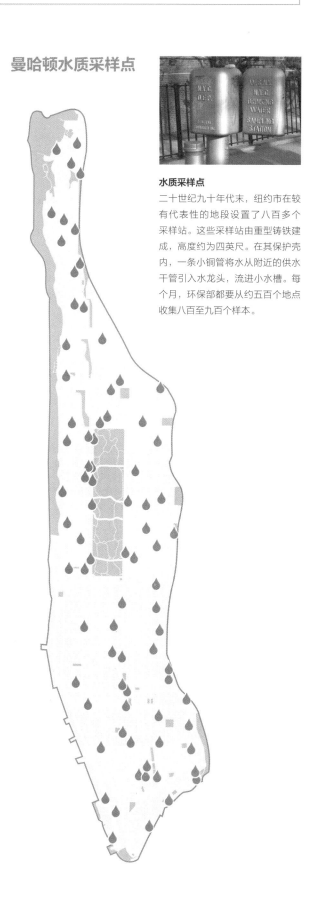

水质采样点

二十世纪九十年代末，纽约市在较有代表性的地段设置了八百多个采样站。这些采样站由重型铸铁建成，高度约为四英尺。在其保护壳内，一条小铜管将水从附近的供水干管引入水龙头，流进小水槽。每个月，环保部都要从约五百个地点收集八百至九百个样本。

污水

污水

　　纽约市拥有全国最庞大的下水道系统。它长达六千六百英里的下水道干线和管道虽然年代久远，但依然能够良好地运转。下水道系统与十四个污水处理工厂一起，处理每天产生的十三亿加仑污水。

　　系统处理的污水来自淋浴龙头、厨房水槽、浴缸、厕所、洗衣机、洗碗机，还有工业污水，其中含有排泄物、食物残渣、油、肥皂及化学品。由于纽约市是为数不多的不对雨水和废水进行分别处理的城市之一，污水中还有雨水和风暴冲刷带来的物质。

　　纽约市最早的下水道可追溯至荷兰殖民统治期，当时曼哈顿下城区宽街

一八六五年，纽约市在巴豆渡槽部的监管下开始下水道建设，使用的材料主要是砖块。

中间挖掘一条沟槽，上铺设顶板。直到十九世纪中期，纽约市还没有真正的下水道系统，住户和商户只是将废水倾倒在后院的户外厕所或直接倒在街边的阴沟里。几次严重的霍乱疫情爆发后，一八四九年，纽约市开始了下水道的建设。在接下来的五十年里，纽约市所有开发成熟的区域都有了下水道网络，就连廉租房也开始提供抽水马桶。

　　但是经下水道系统流至城市周围水域的污水几乎都未经过处理。美国第一所现代污水处理厂建立于十九世纪晚期，在当时的布鲁克林市。康尼岛上建起了一些小型设施，能够让固体沉淀至水箱底部，再将其移除掩埋，液体经氯处理后流入大海。但直到一九三一年，人们才充分意识到建立污水处理厂的必要性，纽约市终于发布了建设现代污水处理厂的详尽方案。又过了五十年，方案中的工厂才全部竣工并投入使用。

　　有了污水处理厂，固体——或者烂

泥状混合物——可以与水分离，水经化学品处理后流入大海。但在二十世纪的大部分时间里，分离出的污泥也被倾倒进了大海——开始是在泽西海岸外十二英里远的某地，后来的倾倒地点则更远，距离海岸一百零六英里。一九九一年纽约停止向海洋倾废之前，每年平均在海洋倾废点倾倒超过六百万吨的污泥。

"便便车"

一九九二年，国会禁止向纽约港倾倒污泥十年之后，纽约的污泥都由火车运送两千英里，到西得克萨斯的边远村落谢拉布兰卡。该地位于埃尔帕索东南九十英里处，每天有约二百五十吨污泥倾倒于此，是世界上最大的污泥堆场。当地人对此表示欢迎，也设法在吹北风时忍受住了这股气味。有人说"像养猪场的味道"，也有人说"这是钱的味道"。二〇〇一年，环保局找到了更为廉价的污泥处理方式，于是谢拉布兰卡送走了最后一辆运输污泥的火车。

海洋倾废点

直到二十世纪九十年代早期，纽约市都将污水——先是未经处理的污水，后是处理过的污水——倾倒在海洋中的两个地点。最初是在新泽西海岸仅仅十二英里以外，水深八十八英尺。第二个地点位于距离海岸一百零六英里的外海，在大陆架以外，水深约七千五百英尺。

污水

收集系统

　　纽约的污水收集系统有六千多英里长的污水管，直径从六英寸到超过八十九英寸不等，还有十四万五千个集水槽(雨水排水道)和五千个渗透井(让汇集的雨水渗入地下的雨水井)。城市污水管一般埋在地下十英尺以下，位于净水管道以下，即使泄漏也不会造成污染。

　　这些管道是在不同时期分批安装的，材质不一。安装在布鲁克林和曼哈顿部分地区的年代最久远的管道可追溯至

一八五一年，材料为水泥、砖块和黏土。比较现代和体积较大的管道则使用了钢筋混凝土和铁。但整个污水管道系统的三分之二的材料为玻璃黏土，几乎不受污水化学反应的影响。

　　一般情况下，几幢大楼的污水会通过几条独立管道流进一条大的支管。支管先是连接次干管，然后连接干管，最终到达"拦截器"，而它直接连接着污水处理厂。在污水的流动中，重力起了很大作用，目标流速为每秒二至三英尺。

废水收集网络

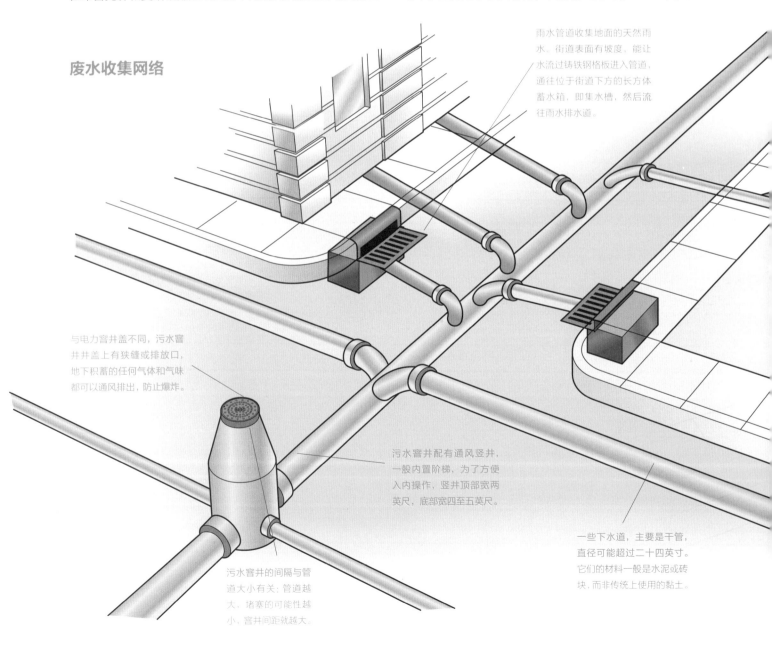

雨水管道收集地面的天然雨水。街道表面有坡度，能让水流过铸铁钢格板进入管道，通往位于街道下方的长方体蓄水箱，即集水槽，然后流往雨水排水道。

与电力窨井盖不同，污水窨井井盖上有狭缝或排放口，地下积蓄的任何气体和气味都可以通风排出，防止爆炸。

污水窨井配有通风竖井，一般内置阶梯，为了方便入内操作，竖井顶部宽两英尺，底部宽四至五英尺。

污水窨井的间隔与管道大小有关：管道越大，堵塞的可能性越小，窨井间距就越大。

一些下水道，主要是干管，直径可能超过二十四英寸。它们的材料一般是水泥或砖块，而非传统上使用的黏土。

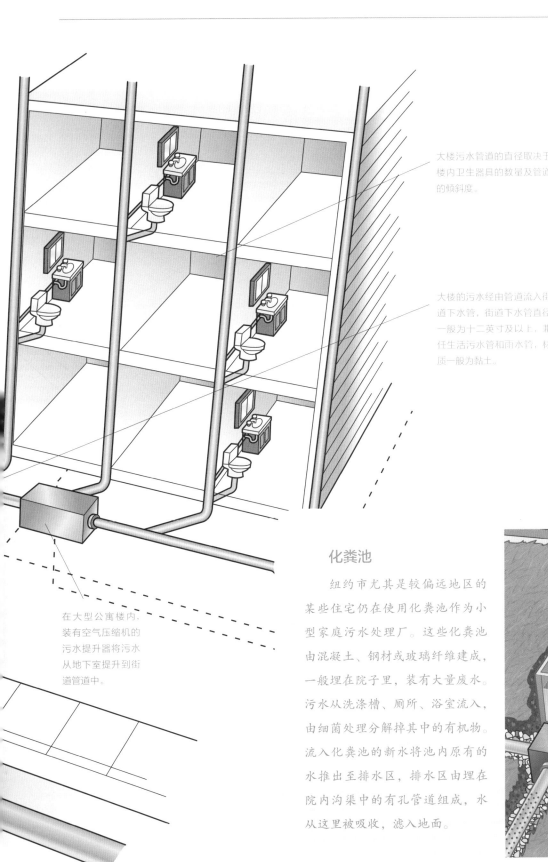

大楼污水管道的直径取决于楼内卫生器具的数量及管道的倾斜度。

大楼的污水经由管道流入街道下水管,街道下水管直径一般为十二英寸及以上,兼任生活污水管和雨水管,材质一般为黏土。

在大型公寓楼内,装有空气压缩机的污水提升器将污水从地下室提升到街道管道中。

化粪池

纽约市尤其是较偏远地区的某些住宅仍在使用化粪池作为小型家庭污水处理厂。这些化粪池由混凝土、钢材或玻璃纤维建成,一般埋在院子里,装有大量废水。污水从洗涤槽、厕所、浴室流入,由细菌处理分解掉其中的有机物。流入化粪池的新水将池内原有的水推出至排水区,排水区由埋在院内沟渠中的有孔管道组成,水从这里被吸收,滤入地面。

污水

合流制下水道溢流

　　全美国仅有约八百座城市使用"合流制下水道系统"，纽约就是其中之一。这一系统将雨水和废水混合，将它们送入同一处理厂。干燥季节，合流制下水道不存在什么问题。但是如果雨水径流太大，超出干燥季节流量的两倍，雨水和污水可能会倒流至家庭和街道。为了避免这种情况，所有多余的水流——超出工厂处理能力的水流——都会被分流到合流制下水道溢流 (CSO) 排水口，不经处理即排放至海港。

　　纽约港有七百多个 CSO 排水口，其中纽约市有约四百五十个。它们的使用率很高：每两次下雨，就有一次会产生溢流，导致约四百亿加仑未经处理的废水被倾倒入城市水道。为了解决这一问题，纽约市在建立三个地下蓄水池——皇后区两个，布鲁克林一个——容纳过多的污水，等水位下降后，再将溢流抽进处理厂。

CSO 地点

纽约海岸线上分布着 CSO 排水口，降雨量大时排入港口，有时其中混有未处理的污水。排水口都在纽约州环境保护局登记在案。

CSO 解剖图

CSO 系统严重依赖两种设备：调节器和潮汐闸门。

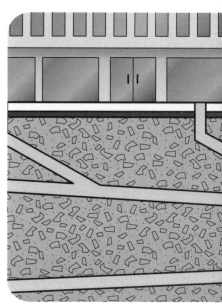

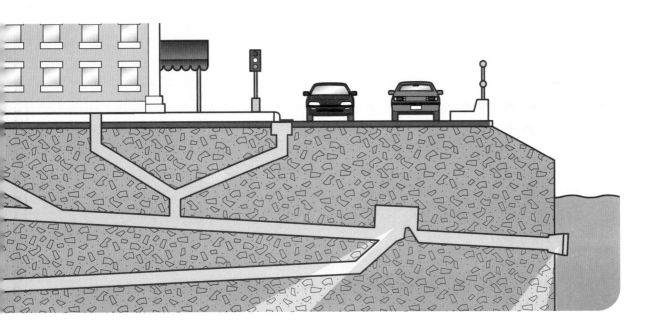

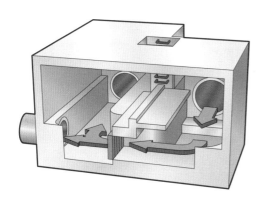

调节器晴天控制废水流入处理厂，下雨时控制废水流入处理厂和排水口管道。一般情况下，约为平时两倍量的水流会转移至处理厂，超出的部分则通过潮汐闸门排出，通过排水口管道进入接收水道。

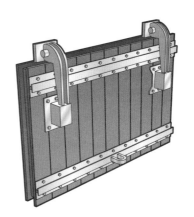

潮汐闸门是位于出水口管道终端的小门，平时关闭，仅在管道内水压超出外部水道水压（及小门重量）时开启。闸门由铸铁、木材或不锈钢材料制成，可以防止海水进入下水道系统。城市周围的潮汐闸门超过五百扇。

污水

集水槽

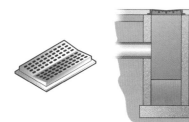

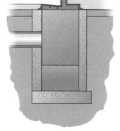

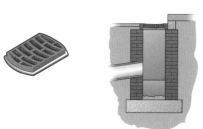

集水槽收集径流，同时防止更大的物体——如垃圾和幼儿——进入下水道。在纽约，长方体集水槽较为常见，但也有其他形状。其内壁材料为混凝土或砖块。常常能在一个交叉路口发现多达六个集水槽。

集水槽加罩
纽约的集水槽加罩项目不仅是给每个集水槽加个罩那么简单。加罩前还需要检查、盘点，并在电子地图上标出各个集水槽的位置。这种检查所产生的数据库和地图，现在成了指导集水槽修复和维护的管理工具。

漂浮物

纽约大都会区的居民对漂浮物相当熟悉了——塑料、纸张、泡沫塑料等会在暴雨之后积聚在海岸线或沙滩上。这样积聚起来的物体大多数是街头垃圾，暴雨时被卷入雨水井和下水道后，一路流出了 CSO 排水口。

纽约正在实施不少旨在减少港口漂浮垃圾数量的方案。其中之一就是给城市街道的十三万集水槽加罩。罩子作为挡板，可以防止进入槽中的漂浮物进入下水道，还能阻止下水道中的气体飘上街道。虽然环保局及其签约承包商仍然需要定期清理集水槽内堆积的垃圾，但罩子已将从集水槽进入下水道的垃圾量减少了百分之七十至百分之九十。

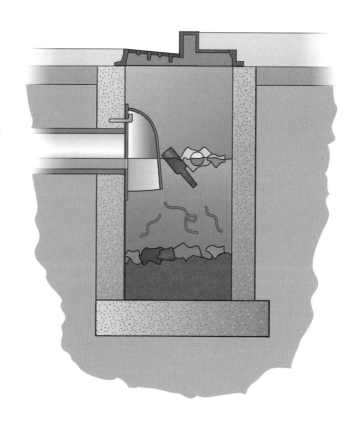

此外，环保局还在二十三个地点设置了浮动挡板或者水栅围区，捕获主要 CSO 排水口的漂浮物。水栅围区内有清理船专门清理漂浮物。用于清理的带式清理船有四艘：朱鹭、笛鸻、绿鹭和雪鹭，每艘长度四十五英尺。这些船有能开合的"翼"来捕捉垃圾，有能将垃圾送进储存区域的前部输送装置，还有将垃圾送进平底船的尾部输送装置。这些船每周抓取约四立方米垃圾，一个月能将一艘平底船装满两次。

此外，纽约还有负责开阔水域的特别清理船"鸬鹚"。鸬鹚不使用传送带，而是用网兜收集漂浮物，因此可以捡起木材和其他水上重物垃圾。鸬鹚船龄十二岁，长达一百二十英尺，装运量为二十四吨。

水栅和清理行动

纽约港二十三个地点设置了浮动挡板或水栅围区，用来挡住从合流制下水道中漂出的垃圾。清理行动则负责收集挡板没挡住的漂浮物。

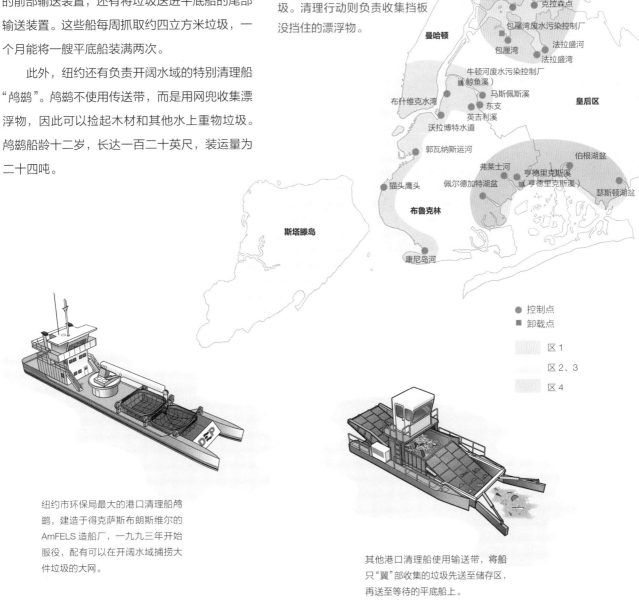

图例：
- ● 控制点
- ■ 卸载点
- ▨ 区 1
- ▨ 区 2、3
- ▨ 区 4

地图标注：
布朗克斯
布朗克斯河
韦斯特切斯特河
亨茨波因特
克拉森点
曼哈顿
包厘湾废水污染控制厂
法拉盛河
包厘湾
法拉盛湾
牛顿河废水污染控制厂
（鲸鱼溪）
马斯佩斯溪
东支
皇后区
布什维克水湾
英吉利溪
沃拉博特水道
郭瓦纳斯运河
伯根湖盆
弗莱士河
亨德里克斯溪
猫头鹰头
佩尔德加特湖盆
（亨德里克斯溪）
瑟斯顿湖盆
斯塔滕岛
布鲁克林
康尼岛河

纽约市环保局最大的港口清理船鸬鹚，建造于得克萨斯布朗斯维尔的 AmFELS 造船厂，一九九三年开始服役，配有可以在开阔水域捕捞大件垃圾的大网。

其他港口清理船使用输送带，将船只"翼"部收集的垃圾先送至储存区，再送至等待的平底船上。

污水

污水处理

纽约市的日常废水处理全靠十四家污水处理厂和约一百个泵站。污水处理厂的选址主要取决于纽约市地貌：它们尽可能建在了海拔最低处，这样污水可在重力作用下流入工厂。泵站则负责在重力不足以推进污水时提供动力，通常服务于海拔较低的地区。

每个污水处理厂有总污水管，即收集本地区各干管污水的"污水截流管"。但各厂间也有差异。仅八个处理厂有脱水车间，可对污泥进行综合处理；其他处理厂产出的则是一种类似泥土的潮湿物质，必须由污泥船运往其他处理厂进行脱水。最新的北河处理厂即为典型，本厂的污泥需用船运往沃滋岛污水处理厂。脱水后的产物——"有机污泥"被与市政府有长期合约的公司运走进行再利用。

污水处理厂如何运转

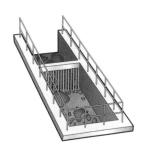

1. 进厂前，污水通过围栏或粗筛，除去报纸、棍棒、破布、罐头等大件垃圾。

2. 污水泵将污水提升至地面的一次沉淀池。

3. 较重物质沉淀至池底，较轻物质与油脂等则漂浮于池面。收集装置收走油脂和漂浮物，以及沉淀于池底的初沉污泥。

4. 经过部分处理的废水接受二次处理（即"活性污泥法"），被加入空气和处理厂的"接种污泥"，进行进一步分离。鼓风机将空气输送至曝气池，促进细菌和其他微生物繁殖，消耗污水中剩余的有机物。

5. 曝气后的水移动至终点沉淀池，再次产生沉淀。这些固体会被加进初沉污泥，等待进一步处理。水进行加氯处理后作为工业废水排入邻近的水体。

6. 污泥中加增稠剂，多余的水被排走并进行处理。污泥则静置一天，好让固体凝固得更结实。

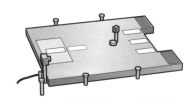

7. 固体送往最后一组无氧箱（又称"消化池"），加热至九十五华氏度，促进厌氧菌繁殖，消耗污泥中的有机物，这一过程将耗时十五至二十天。

污水处理区域和工厂

处理量 单位为百万加仑 / 天

布朗克斯

北河 170

亨茨波因特 200

沃滋岛 250

托尔曼斯岛 80

包厘湾 150

曼哈顿

牛顿溪 310

皇后区

红钩 60

里士满港 60

猫头鹰头 120

布鲁克林

26 区 85

牙买加湾 100

斯塔滕岛

康尼岛 100

洛克威 45

橡木滩 40

北河处理厂

直到一九八六年，曼哈顿西区未经处理的污水还是直接流入哈德逊河。一九一四年起，曼哈顿西区就已经开始为处理厂选址，但直到一九六二年，市规划委员会才确定并通过了现在的处理厂地址——西区高速以西的 137 街和 145 街之间。它的设计与施工共耗时二十四年，部分是因为其构造特别：它建立在哈德逊河面积为二十八英亩的钢筋混凝土平台上，地基是深入河下二百三十英尺的基岩中的两千三百个沉箱。处理厂顶部是面积为二十八英亩的河岸州立公园，一座包括游泳池、溜冰场、体育中心、若干体育场地在内的娱乐设施。工厂在无降水天气每天处理一点二五亿加仑废水，下雨时最大的日处理量为三点四亿加仑。

污泥船

从二十世纪三十年代起，纽约港常常能见到市政污泥船，把污泥运往港口外的处理场所。船名与其服役的处理厂一致（比如最早的沃滋岛、托尔曼斯岛、康尼岛等），总容量为每艘四万立方英尺。接下来的五十年中，污泥船变化较小，只有新旧交替。但到一九八七年，倾废点由距离海岸十二英里改至一百零六英里后，纽约市购买了四艘可出海的平底船，之前的机动船不再用来倾倒污泥。

现在，其中三艘机动船每天在港内从没有脱水车间的处理厂（猫头鹰头、洛克威、新城溪、北河）运送超过三十万立方英尺污泥至有脱水车间的处理厂（沃滋岛、亨茨波因特、26 区）。每艘污泥船有四班员工，每班六人，十二小时轮班一次。其中两艘每周工作六天，第三艘待命，每年约往返一千二百次。

污水

污水污泥加工

自一九九一年纽约市停止向海洋倾倒污泥起，纽约环保局就与私人企业签订了一系列处理城市污水污泥或者说生物固体的合同：

约一半生物固体在布朗克斯的亨茨波因特加工为化肥颗粒，销往全国各地，主要是南方佛罗里达的柑橘果园。

第二份合同则约定将生物固体直接用于弗吉尼亚的放牧地和玉米田，及科罗拉多的放牧地和麦田。

第三份合同约定了新泽西一处工厂对生物固体进行碱稳定化处理，阿肯色州一处工厂对其进行颗粒化处理，以及在宾州将其制作成堆肥。经过这些处理的产品将分别作为牧草和谷物肥料在纽约和新泽西出售，作为掺混肥料在阿肯色州出售，作为堆肥土混合材料在宾州出售。

纽约市自身也会将污水处理产生的生物固体在五大区内用作土壤添加剂。生物固体堆肥的施用地区包括布朗克斯的迪根少校高速公路沿线、皇后区植物园、曼哈顿的一栋住宅楼，甚至市长官邸的草坪。

从生物固体到化肥

纽约市约一半的生物固体在布朗克斯的亨茨波因特被加工为化肥颗粒，负责工厂为维尔贝莱特科技下属的纽约有机肥公司。

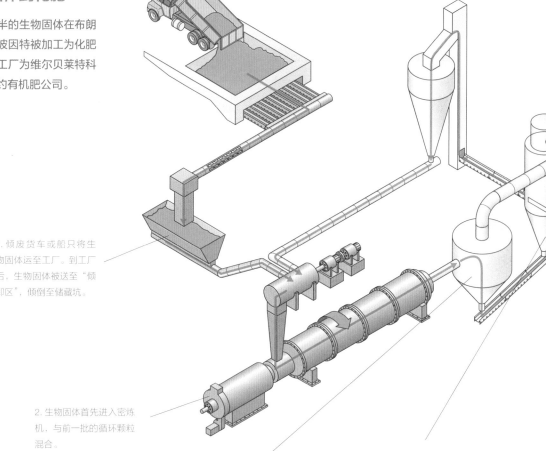

1. 倾废货车或船只将生物固体运至工厂。到工厂后，生物固体被送至"倾卸区"，倾倒至储藏坑。

2. 生物固体首先进入密炼机，与前一批的循环颗粒混合。

3. 然后进入干燥筒，热风机将其加热至六百至一千华氏度，使其完全干燥脱水。生物固体颗粒在干燥筒处理三次，确保消除所有病菌。

4. 热风和颗粒以一百八十华氏度的状态离开鼓风机，然后分离。

42% 热干燥（颗粒化）

13% 堆肥

8% 碱稳定化处理

37% 土壤直接施用

污泥的来生

纽约市的污泥,也常被称为"生物固体",已经不再被倾倒入大海。
现在它主要用于庄稼施肥,以及改善作物生长的土壤环境:它能
够提高土壤的蓄水能力,促进植物根系生长,改善整体土质。

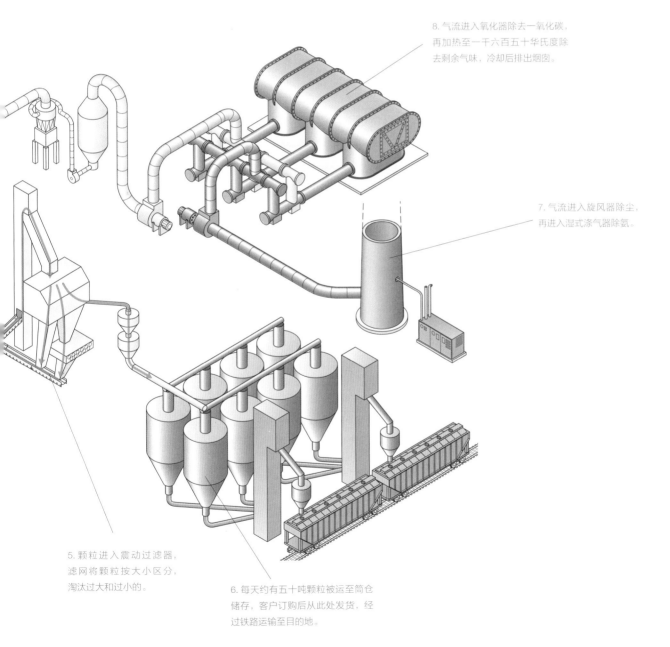

8. 气流进入氧化器除去一氧化碳,
再加热至一千六百五十华氏度除
去剩余气味,冷却后排出烟囱。

7. 气流进入旋风器除尘,
再进入湿式涤气器除氨。

5. 颗粒进入震动过滤器,
滤网将颗粒按大小区分,
淘汰过大和过小的。

6. 每天约有五十吨颗粒被运至筒仓
储存,客户订购后从此处发货,经
过铁路运输至目的地。

污水

工业废水处理

大多数纽约人都能感受到过去的几十年里，五大区周围的水域越来越清澈了。垂钓者现在时常能看见或捉到过去多年没出现过的银花鲈鱼、蓝鱼等。哈德逊河里还能进行游泳比赛。海岸线上的塑料瓶、铝罐等垃圾也少见了。

纽约过去五十年间对废水处理厂的大规模投入直接改善了水质。为了减少有机物流入纽约水域的事故（这样一来也会减少依靠这些有机物增长、会减少水中氧气含量的细菌），投资还在继续。但即使是今天，大量排污或者雨水汇聚成的径流仍然会给水生生物造成危害——尤其是海港底部附近的微生物，在持续高温的夏季情况尤为明显。

港内某些水域，例如长岛海峡西部以及牙买加湾部分地区，尤其容易缺氧。问题最严重的是布鲁克林的一条运河——原来作为商业航路的郭瓦纳斯运河，多年来它一直是美国污染最严重的水道之一。二十世纪九十年代末，该运河重新启用了安装于一九一一年的排沙洞，将污水引至运河外，又让邻近的巴特米尔克海峡的含氧水涌入，提高了运河水的含氧量。纽约仍有必要继续努力提升水质，而市环保局和陆军工程兵团正联手寻找更多的解决方案。

除了特定地区的问题，一些引起污水排放的意外事件也会造成纽约市周围水域缺氧。污水处理厂机械损坏虽然罕见，但确有发生；停电也会造成问题，因为处理厂要用电泵。二〇〇三年八月的东北停电事故中，东13街一家泵站未经处理的污水流入了东河。没有水泵，水压推开了控制污水排放的潮汐闸门，排出了一点四五亿加仑未经处理的污水。同一场停电事故中，其他处理厂还有三点四五亿加仑的污水排入了哈德逊河与布鲁克林外的水域。

氮排放控制项目

过去十年中，纽约污水处理厂的氮排放及其对长岛海峡水质的影响已经成为一个代价高昂的巨大问题。一九九八年有两起针对环保局污水处理厂操作不当的诉讼案件——一起针对纽约州环保局，一起针对长岛海峡保护部门和康涅狄格州。自那时起，纽约就采取了包括整改特定工厂在内的一系列措施，来减少对上东河与牙买加湾的氮排放。

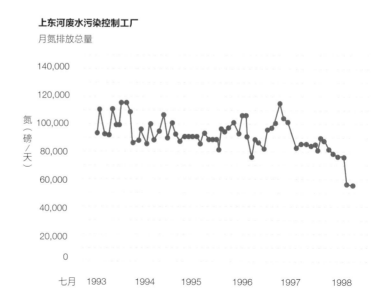

上东河废水污染控制工厂

月氮排放总量

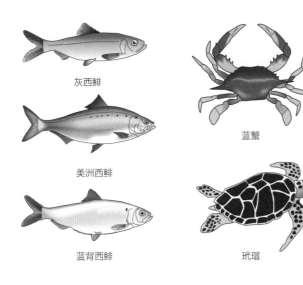

灰西鲱

美洲西鲱

蓝背西鲱

蓝蟹

玳瑁

水生动物的回归

随着纽约港水质不断改善、动物保护项目渐渐成熟，很多物种开始回到港中。如海龟、银花鲈鱼、蓝鱼、美洲西鲱等。最近，曼哈顿西区的码头上还有海豹在晒太阳。

监督海港水质

早在一九〇九年，大都会区污水处理委员会建立了纽约水质调查组，纽约就开始记录水质状况。现在，纽约港内有五十三个地点建立了水质监测站，负责检测地表水和地下水的水质，分析沉淀样本中的污染物层次。另外环境保护局的五十五英尺定制船 HSV 鱼鹰拥有船上实验室，按照联邦要求全年进行水质抽样检查。

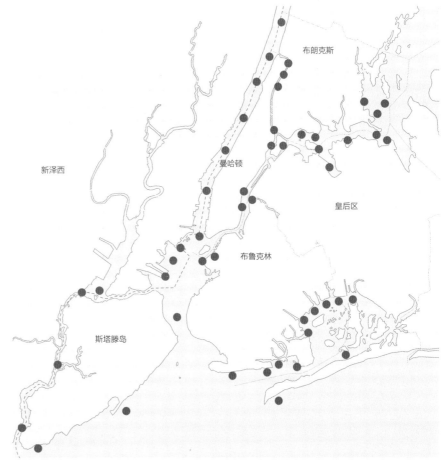

布朗克斯

曼哈顿

新泽西

皇后区

布鲁克林

斯塔滕岛

● 水质监测站

垃 圾

令纽约保持清洁是一项艰巨的任务，主要由市卫生部负责。从垃圾收集到街道清扫再到除雪工作，它的一万多名员工组成了世界上最庞大也最繁忙的卫生工作队伍。每天，纽约市产生一万两千吨居民垃圾（来自家庭）和市政垃圾（来自学校等市政设施）；卫生部每周收两次垃圾，在有些地区则收集三至四次。卫生部还每周一次在这些地区收集可回收垃圾，清空街角垃圾桶，并为市民开展专门的、季节性的垃圾收集项目（收集圣诞树、庭院垃圾、电子和危险垃圾等）。

卫生部不负责从各单位收集商业垃圾。一九五七年起，商业垃圾——来自办公室、餐馆、商店和工厂的垃圾——由私人拖运商和商业垃圾公司负责收集。纽约市政府的角色仅限于为拖运商颁发执照，为其通过垃圾站将垃圾运往州外提供许可并进行监督。

公私部门分担责任是近来才有的事。过去，垃圾处理总是由公共部门或私营部门单独负责——十九世纪时，公共部门取代了私营部门。那时城市街道上到处都是人与动物的粪便、灰烬和街道积尘，恶息盈鼻。

单是马匹，每天就会制造五十万磅

纽约的垃圾时间线

1866： 纽约市大都会健康董事会宣布与垃圾开战，禁止人们往街上"丢弃动物尸体、垃圾或灰烬"。

1872： 纽约市停止从东河上的一座平台丢弃垃圾，改为用船将垃圾运出海再丢弃。

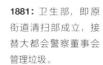

1881： 卫生部，即原街道清扫部成立，接替大都会警察董事会管理垃圾。

1885： 全国第一台垃圾焚烧炉建立于总督岛。随后几十年里，数百台焚烧炉在全国各地涌现。

1896： 纽约市要求居民用不同的垃圾袋将家庭垃圾进行分类（分为有机垃圾、灰烬、干燥垃圾）。

1865　　　　1880　　　　1895　　　　1910　　　　1925

粪肥和四点五万加仑尿液。虽然私产业主会雇人清扫自家领域并将垃圾倾倒入大海，但曼哈顿东西侧的租户区依然无人清理。家中养猪的人家，猪吃不掉的垃圾也会倒在大街上。

一八八八年的那场暴雪也促使人们要求在市内建起常规且专业的卫生管理队伍。七年后，传奇人物乔治·华林掌管了当时的街道清扫局，进行了机构改革，为今天的纽约市综合垃圾处理系统奠定了基础。

A SECTION FOREMAN WITH HIS SWEEPERS READY TO MARCH.

华林和白翼队伍

乔治·华林是纽约市垃圾处理历史上最为杰出的人物。他是一位军人，在掌管纽约市街道清扫局的短暂任期（一八九五年至一八九七年）内，对清扫局和整个行业进行了改革。华林引进新工艺和新技术，重塑了清扫局，让工作人员培养起了荣誉感和职业意识。他给所有清洁人员穿上挺括的白制服，"白翼队伍"也因此得名。他们代表着干净与卫生，在公众中也产生了一批追随者。（这一传统延续至今：清扫局鼓励员工擦亮鞋子、刮短胡须、指甲长度不超过四分之一英寸、穿戴最少量的珠宝。）他开启了一项雄心勃勃的垃圾回收利用项目，并持续运转了十多年。此外，他还开办了街道清扫学校，建立了街道清扫少年组织，成员是致力于改善城市贫困居民卫生条件的孩子。

1940　　　1955　　　1970　　　1985　　　2000

1933: 新泽西海岸的社区获得法庭指令，禁止纽约市在大西洋倾倒垃圾。

1957: 纽约市停止收集商业垃圾。

1989: 纽约市采取强制回收法。

1994: 纽约市关闭最后一台市政垃圾焚烧炉。

2001: 最后一班装载市政固体垃圾的轮船在斯塔滕岛弗莱士河填埋地清空，标志着对该区长达五十三年的依赖终结。

垃 圾

卫生设施

卫生局有五十九个主要沿社区分界线划分的工作区,拥有近六千车辆。其中约两千一百辆为一线收集货车,主要为后装卸式垃圾车,容量十九立方米,有十个车轮与两名工作人员。另外卫生局还有四百五十辆扫路机,三百五十辆撒盐车及撒沙车,二百七十五辆专用垃圾车,二百八十辆前装卸式垃圾车,还有两千多辆支援车。大多数车辆平均七年一更换,卫生局每年该用途的拨款在一亿至两亿美元之间。

修理和维护也耗时耗力。所有车辆每三十天检修一次(每年卫生局要处理十万个轮胎!)。据说,卫生局位于皇后区马斯佩斯的中央修理工厂是全国最大的非军事工厂,其总面积为一百二十六万平方英尺,有六层楼。除了车身修理车间、专用底盘车间、大小配件重组车间、轮胎车间、机械车间、散热器车间、车内装饰车间、锻造和牵引车间,它还拥有测力室,所有引擎和泵都要在此经过测试后才能安装。卫生局还有分散在各区的车间支持日常维护。

卫生局的垃圾车是最环保的车型之一。远在联邦强制商业用车更换燃料之前,整个车队就已经采用了超低硫柴油燃料。同时,卫生局还在一百多辆货车上测试柴油微粒过滤器。这些过滤器和低硫柴油燃料一起使用可减少约百分之九十的排放。

① 惩教局管辖的犯人生产的垃圾桶。

环卫车车库

纽约有六十一处环卫车车库,在面积最大的布鲁克林和皇后区数量最多。驾驶员在车库报到上班、领取任务,还能在这里给车加油、进行小型修补。

布朗克斯
曼哈顿
皇后区
布鲁克林
斯塔滕岛

垃圾桶的种类

安装在全市指定地点的垃圾桶数目超过二点五万。其中约两千个由商业促进区(BID)购买,其余由卫生局提供。卫生局每周从这些垃圾桶收二至七次垃圾,在主要商业区则每日收集。现在使用的垃圾桶有三种。

惩教局垃圾桶[1]

惩教局垃圾桶是二〇〇〇年的卫生局标准垃圾桶。桶面为穿孔图案的钢板,外有八条垂直焊接钢丝柱。垃圾桶边缘有闪光贴花,夜间可视。其重量仅为三十三磅,且价格低廉,不到一百美元。

形与表垃圾桶

形与表垃圾桶也叫"加利福尼亚垃圾桶",自一九九七年起就在十几处繁忙的商业区及旅游区使用。重约二百七十磅,桶盖凸起,侧板为穿孔钢板,有侧门,价格约七百美元。

维克托·斯坦利垃圾桶

启用于一九九七年的维克托·斯坦利垃圾桶全部为钢材料,重达二百三十磅,容量四十五加仑,有侧门和凸起桶盖,价格为七百美元。

环卫车队

后装卸式垃圾车

大多数垃圾车是后装卸式，垃圾倒入"料斗"。垃圾逐渐增多，会将二千二百至二千五百磅压力支撑的刀锋式面板往里推。随着垃圾压力增大，面板逐步后退，直至装满一车。垃圾车在垃圾场卸货时，打开后门（抬起刀锋式面板），倾斜车身，让垃圾在弹射叶片的辅助下倒出。平均每天，一辆标准容量为十九立方米的后装卸式垃圾车可以收集十二至十四吨垃圾。如果每三十天进行一次维护，垃圾车的平均寿命为七年。

双箱垃圾车

这些马克卡车的一个箱子专门收集金属、玻璃和塑料，另一个箱子收集纸张。其容量为十九立方米。纸张容量占百分之六十，金属、玻璃和塑料容量占百分之四十。

除雪撒盐车

大多数撒盐车装有十二立方米盐或沙，通过卡车后部的旋转盘撒向路面，撒布量可以控制。

底盘车

也叫倾斜车身集装箱卡车，用来装载十五至三十立方米的集装箱。底盘可以使集装箱倾斜，车向前时将其滑下车厢。

清障车

这些卡车负责把故障车拖至修理点，也用来移除废弃车或违章停泊的车。

铲雪车

下雪时，常规垃圾车会"戴上"铲子，上街道铲雪。垃圾车购买时即配备有可升降和倾斜铲子的机械。

升降式垃圾车

也叫作前装卸式垃圾车，这些车辆有前置式升降臂，可装载容积为一点五至六立方米的集装箱。

机械扫帚车

通常叫作扫路车，这些车辆有两只边侧刷，还有一只底部主扫刷，专门扫除城市街道排水沟的垃圾。一般扫除时需要洒水，但紧急情况下也可以无水工作。

厢式货车

又被称作"机修工专用车"，用来为遥远地区的车辆修理搬运设备。

垃圾

收集路线样板：每日与每周

在布鲁克林的同一个地区内，不同地点每周收垃圾的日子不同，每天收集的时段也不同。

垃圾收集频率

- 每周两次
- 每周三次
- 商业地段
- 工业地段

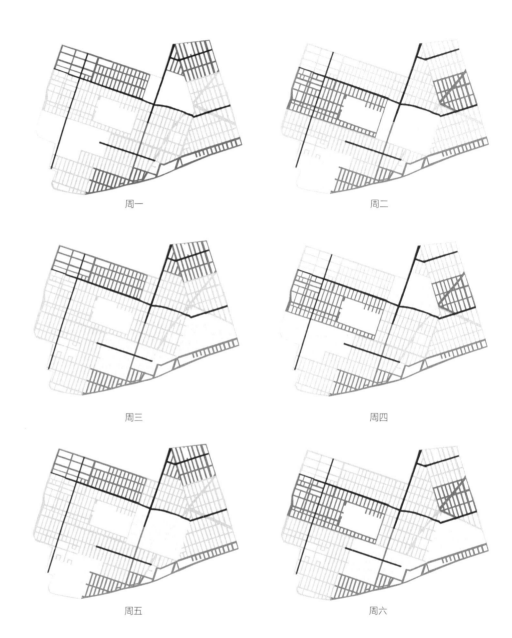

周一　　周二

周三　　周四

周五　　周六

收集路线

　　纽约市的垃圾收集路线取决于一系列因素：工会协议、车辆容量、操作问题——最重要的问题是交通是否拥堵、路缘有无障碍、地形情况等。大多数居民区每周收集两次，人口密度更高的区域则每周收三次。纽约市房屋委员会每周收四次，纽约市的一千一百所公立学校则每日收集。

　　除了传统的垃圾收集外，卫生局还每周收集可回收垃圾。秋天，卫生局会在公园较多的地带进行为期六周的针对落叶的专门收集；还有针对圣诞树的专门收集，将其从路边收走后要么送至园林部设在兰德尔岛的工厂、切成护根物，要么送至弗莱士河制成堆肥。

特别活动

纽约人喜欢特别活动，每年都会举办很多：时代广场的除夕夜、感恩节和圣帕特里克节游行，有时还会为庆祝本地体育队伍获胜而举办纸带游行。每次活动都需要卫生局（在警局的辅助下）预估参与人数。活动结束后，背着吹叶机的工作人员会将垃圾吹至可收集的地区，由前装卸式垃圾车铲起。其余垃圾由工作人员用扫帚清扫。初步收集完成后，扫街车上场。

水晶球降落之后

卫生局面临的最大挑战之一，是每年的时代广场除夕夜庆祝活动。[1]当天，七十八名卫生局工作人员会在晚上十一点集合，十二点后即开始工作。清扫会用到垃圾车、机械扫帚、普通扫帚、拖吊车、密斗车，并耗费工作人员整个晚上和第二天全天的时间。

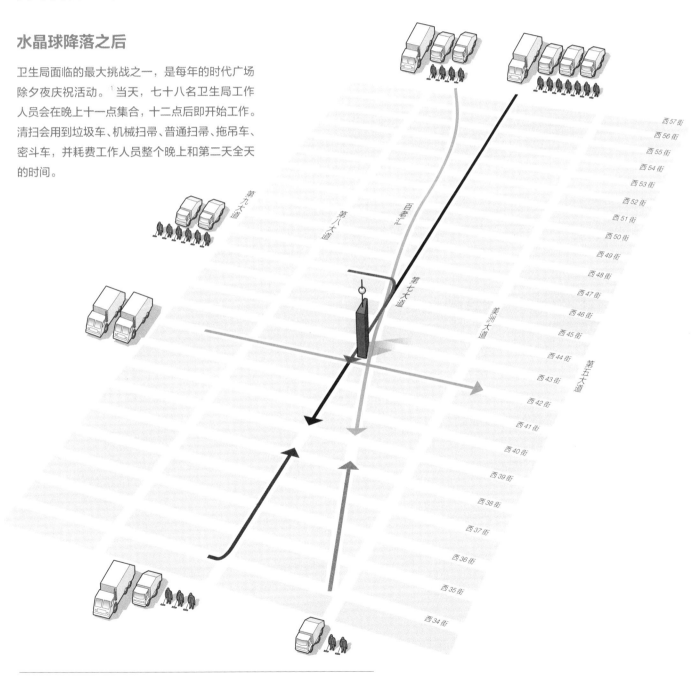

① 在纽约，每年新旧年交接之际，时代广场的巨型水晶球都要降落，以象征新的一年到来。

垃 圾

输出垃圾

由于市内没有填埋场和焚烧场，纽约每天需要运出一万二千吨生活垃圾。大多数垃圾的运输工具不是常在街道出现的环卫车辆，而是十八轮的运输拖车，负责将其运至宾州、新泽西和俄亥俄州。这一垃圾运输网络的关键是六十六家运输站，几乎都在纽约较偏远的区。垃圾由环卫车运至这些私营运输站，再被装上长途运输大型货车，运至遥远的填埋场。

但也存在例外，主要在曼哈顿。曼哈顿三分之二的生活垃圾由环卫车辆运至新泽西纽瓦克埃塞克斯资源回收工厂，焚化用来产电。曼哈顿的其余垃圾及斯塔滕岛和皇后区的部分垃圾通过位于新泽西的运输站运至填埋场。布朗克斯的许多生活垃圾在哈莱姆河车场装箱后，由铁路运往弗吉尼亚的填埋场。

由于斯塔滕岛弗莱士河的船运填埋场没开多久就关闭了，支持该填埋场的水上运输站也随之废弃，目前的垃圾运输主要依靠货车，这让很多环保人士及运输站周围的社区不满。虽然弗莱士河填埋场有再继续运行十年左右的能力，但是由于政治原因于二〇〇一年关闭，从此纽约完全依靠私营企业处理垃圾，源源不断的生活垃圾只能依靠长途货运输送。

垃圾去哪里了？

纽约各区都依赖于多家私人供应商处理垃圾，主要是在州外进行。虽然有些垃圾被运往纽瓦克埃塞克斯资源回收工厂，但大部分是被运往了宾州及弗吉尼亚的填埋场。

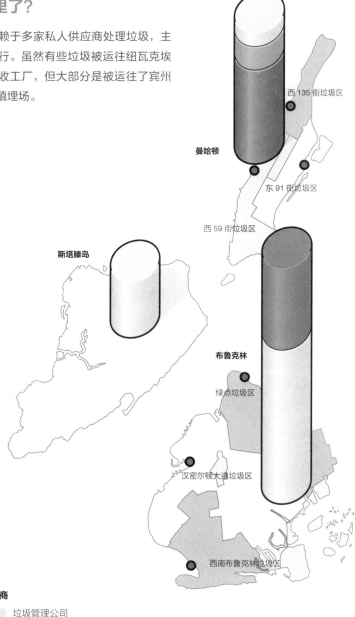

西 135 街垃圾区

曼哈顿

东 91 街垃圾区

西 59 街垃圾区

斯塔滕岛

布鲁克林

绿点垃圾区

汉密尔顿大道垃圾区

西南布鲁克林垃圾区

供应商

垃圾管理公司
IESI 公司
美国 ref 燃料公司
固体垃圾公司
ACS 公司
塔利公司
● 前水上运输站

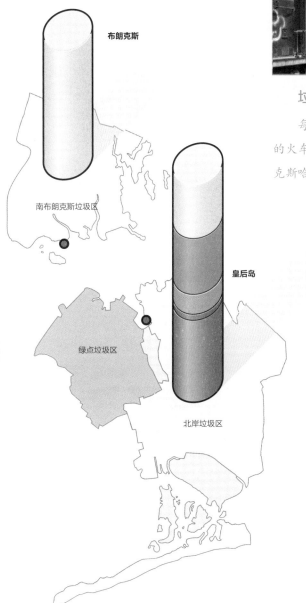

布朗克斯

南布朗克斯垃圾区

皇后岛

绿点垃圾区

北岸垃圾区

垃圾火车

每天，都有一列三十五节车厢的火车载满垃圾集装箱，从南布朗克斯哈莱姆河车场的仓库出发，开往约四百英里外的弗吉尼亚韦弗利填埋场。绿皮垃圾集装箱内装着来自布朗克斯的很多生活垃圾，还有来自纽约的不少商业垃圾。虽然垃圾由 CSX 铁路运输，但集装箱及目的地的填埋场都是垃圾管理公司的财产。它是美国最大的垃圾处理公司，也是纽约布朗克斯两家最大的出口服务公司之一。

宾夕法尼亚
纽约近三分之二的固体垃圾的终点站都是宾州二十四家填埋场之一。由于填埋场的容量在减小，宾州的价格在提高。

弗吉尼亚
纽约输出的垃圾约五分之一都运往了弗吉尼亚的查尔斯市、梅普尔伍德、米德尔半岛等地。

年吨位

- 0 – 49,000
- 50,000 – 99,000
- 100,000 – 499,000
- 500,000+

垃圾

弗莱士河填埋场如何运作

1. 工程师留出一片区域做土堤。土堤上部铺平，修有道路，建路的目的是便于处理大雨冲刷造成的损坏。

2. 液压起重机将垃圾挖出运输船，倾倒入围栏。

3. 前装卸式垃圾车从围栏中挖出垃圾，倾倒入一辆大型自卸车。

4. 自卸车驶至当前倾废场的边缘，尽可能靠近边缘，然后倾倒装载的垃圾。

弗莱士河

半个世纪长的时间内，纽约市一直依赖于斯塔滕岛西岸的弗莱士河填埋场。多年来它一直是世界最大的卫生填埋场，占地面积二千二百英亩，是中央公园的三倍，其土堤高度超过了附近的自由女神像（它被称为"卫生"填埋场，因为会在每天填埋的垃圾上覆土，而不是持续地堆积垃圾）。纽约四个区的水上运输站均有拖往弗莱士河的驳船，每天装载约一万吨生活垃圾。

今天，弗莱士河有四座土堤，即可分为四块区域，高度从九十英尺至约二百二十五英尺不等。其中两座已填满且关闭，其余两座即将关闭。此前安装的一系列保护公众健康与安全的设备依旧在运转。垃圾分解时会产生可燃气体，由可燃气体回收系统输送至位于一块区域的采气工厂，或者另外三块区域的火炬塔。（采得的燃气可为约一万户斯塔滕岛家庭供热。）另外，周围的被动式通风口也能确保气体不溢出本区域。

虽然弗莱士河区域的大部分今天依然是开放航道、未受破坏的湿地或野生动物栖息地，但要将其改建为计划中的公园，还需要多年的工作。仅计划中的资金就需三百多万美元，耗费若干年时间。填埋场需要花时间沉降：据估计，自然沉降在三十年时间里会将土堤高度减少百分之十至百分之十五。不过，弗莱士河区域未用作填埋场的区域最早可以在二〇〇八年作为公园向公众开放。

从垃圾场到公园

1. 垃圾场容纳一点五亿吨垃圾。

4. 为垃圾场配置防渗衬垫。

填埋场分层

土壤层
储存单元之上每天至少覆盖六英寸表土，存满时则覆盖大约两英尺厚表土。

屏障保护层
这一层有助于将雨水径流迅速引出填埋场，由混凝土或砂石堆砌的排水沟构成。

夯实的黏土
用于降低填埋场的渗透度。

土工膜
一种布状垫，可以铺在垃圾的上方或下方，用来保护衬垫，进一步防止雨水渗透。

排气层
垃圾分解产生的燃气要么被排走，要么被收集起来进行燃烧或加工处理。

固体垃圾

渗滤液收集系统
排水渠和管道吸走排进渗滤液池的污水。

这里自然产生的土壤黏土含量高，是渗滤液的天然屏障。

5. 推土机将垃圾往里堆，压土机再从其上驶过。

2. 首先要处理的是液体，将其汇集、吸走。

3. 随后安装燃气采集网，以收集垃圾腐烂产生的沼气。

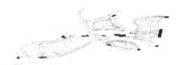

5. 即将安装排水设施，以应对雨水和路面问题。

6. 即将建立新的栖息地，并为行人建造新路。

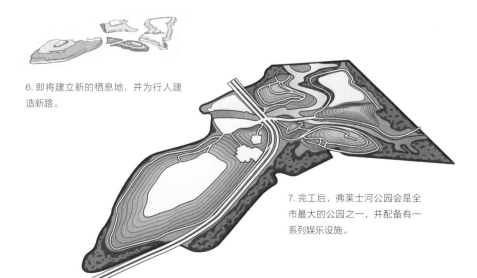

7. 完工后，弗莱士河公园会是全市最大的公园之一，并配备有一系列娱乐设施。

垃 圾

回收

过去十年中，纽约市的垃圾回收项目已经成为纽约日常生活的一部分。它始于一九九三年，是美国最大的路边回收项目，目的是从全市三百万家庭收集金属、玻璃、塑料、纸张。二〇〇二至二〇〇四年间，纸张和塑料的回收短暂搁置，造成回收总量减少，但项目的参与量目前已经恢复。

现在，从路边收来的废物约有百分之十九得到了回收利用，是十年前项目刚启动时的两倍。纸张在所有回收物中占据最大份额，约占美国市政固体垃圾的百分之四十。五家私营公司与纽约市签有协议，会购买废纸；其中的维希纸业在斯塔滕岛拥有加工设施，利用回收来的纸生产挂面纸板。

金属、玻璃和塑料与纸张需要分开回收，它们目前都会被送至 Hugo Neu 公司，再用驳船送至其位于泽西市的工厂，按照材料分开后，打包送至加工公司。对于回收来的金属（可回收物中价值较高的物质），Hugo Neu 公司要向市政府支付报酬，但对于不太好销售的玻璃和塑料，市政府则需向公司支付处理费用，具体的交易内容比较复杂。

之前，纽约市处理回收垃圾的决心还受到过质疑：短期合同让公司很难投资购买可以自动分离材料的设备，而这种设备在别处很常见。但二〇〇四年，纽约市宣布与 Hugo Neu 公司签订长达二十年的合同，作为合同的一部分，公司同意在南布鲁克林水滨建造由驳船提供服务的加工中心。

输出可回收物

现在，环卫车将可回收物运送至亨茨波因特、长岛和新泽西的 Hugo Neu 公司接收站。这些可回收物从纽约装上驳船，穿过港口运至公司在新泽西州泽西市克莱蒙特的加工设备。

● Hugo Neu 公司接收站

● 日落公园的新加工设施

--- 当前的驳船线路

--- 未来的驳船线路

最早的回收

纽约市的垃圾回收有一百一十年的历史了，可以追溯到十九世纪后期。一八九五年，乔治·华林上校担任纽约市街道清扫局领导期间，禁止了向海洋倾废，并建立起系统化的回收系统。该系统要求居民进行垃圾分类，将灰烬与动物粪便分出，其中灰烬被运往填埋地，动物粪便则被销售给私人承包商，加工为肥料。纽约还收集废布、纸张等干燥垃圾。无法回收的垃圾在新的市政焚烧点进行焚烧，为工厂运转而产电。由于劳工与材料短缺，这项雄心勃勃的回收项目于一九一八年中止，海洋倾废重新开始。

Hugo Neu 公司的材料回收

未来，回收的材料将从目前这些接收站，再加上曼哈顿的一处接收站，由驳船运往位于日落公园的南布鲁克林水运码头中占地十英亩的新材料回收设施。材料在那里分拣后，黑色金属会被送至国内或国际钢铁使用商，玻璃被碾磨后用作骨料，塑料变成合成树脂后再制为塑料制品。

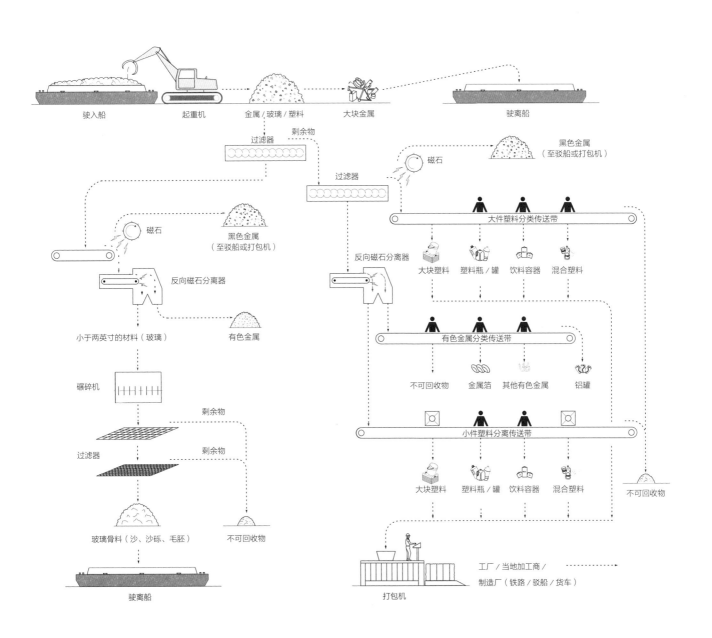

驶入船　起重机　金属／玻璃／塑料　大块金属　驶离船

过滤器　剩余物

黑色金属
（至驳船或打包机）

磁石　过滤器

磁石　反向磁石分离器

黑色金属
（至驳船或打包机）

大件塑料分类传送带

大块塑料　塑料瓶／罐　饮料容器　混合塑料

小于两英寸的材料（玻璃）　有色金属

有色金属分类传送带

不可回收物　金属箔　其他有色金属　铝罐

碾碎机

剩余物

小件塑料分离传送带

过滤器　剩余物

大块塑料　塑料瓶／罐　饮料容器　混合塑料　不可回收物

玻璃骨料（沙、沙砾、毛胚）　不可回收物

工厂／当地加工商／
制造厂（铁路／驳船／货车）

驶离船　打包机

垃圾

维希纸厂

斯塔滕岛上的维希纸厂每天回收一千二百吨废纸，生产瓦楞纸包装使用的挂面纸板。公司声称，这种加工过程的耗电量仅为原生木浆造纸的百分之十。

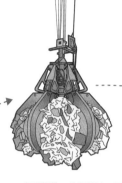

2. 起重抓钩一次抓起十二至十四吨纸，运入碎浆机中。

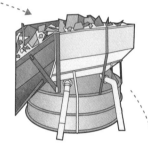

3. 碎浆机内，纸张加水。

1. 回收的废纸通过驳船或货车运输，称重后倒入容量为三千吨的专用坑中。必须从混合的废纸中拣出硬纸板，才能得到电脑规定的正确材料组合。

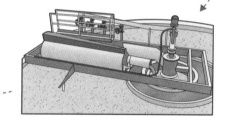

4. 纸浆运至卸料池，移除蜡质。优质纤维和次品分开，次品被制成堆肥或进行填埋，优良纤维则被掺入化学品和淀粉。

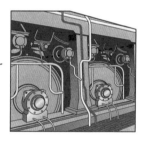

5. 纤维混合后，经过约三十个毛布导辊。纸张经过压制、烘干，排出水分。

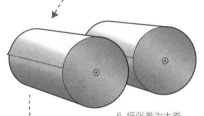

6. 纸张卷为大卷。

7. 纸卷切为客户需要的大小后，移送至储存区。

8. 纸卷装上货车，运至客户处。

堆制肥料

除了纸张、金属、玻璃和塑料外，纽约还从日常的家庭垃圾和可回收物中回收一些有机材料。卫生局每年要收集约两万吨秋季落叶：落叶被收集后，放置在闲置的城市公园中，其一位于弗莱士河，其二位于布鲁克林与皇后区的交界处，其三位于布朗克斯。

这些落叶被堆成长列，耗费六至八个月时间形成堆肥。成品在纽约各地用作肥料。

纽约的卫生部还与园林部联手回收圣诞树。仅卫生局去年就收集了超过十万株，大多数要么运至弗莱士河制为堆肥，要么运至兰德尔岛，削切

为护根物。

纽约的食品垃圾目前只在雷克岛制成堆肥——该岛的一所室内工厂每月要加工四百吨。堆肥被运用于岛上各种各样的园艺项目。目前布朗克斯的亨茨波因特食品分配中心正在评估第二个现场食品垃圾堆肥项目。

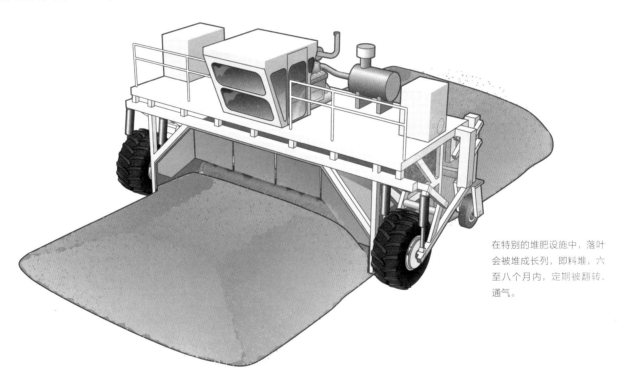

在特别的堆肥设施中，落叶会被堆成长列，即料堆，六至八个月内，定期被翻转、通气。

雷克岛的堆肥项目

雷克岛上有着全国最大的市政监狱系统，有超过一万七千名犯人和七千名惩教人员，每天产生超过二十吨食品垃圾。其中百分之八十以上在本地的工厂进行堆肥。垃圾包括蔬菜废叶、腐烂食物、剩菜及残渣，都用四十四

加仑、作过特别标记的塑料容器收集，然后倒进大垃圾桶里，运至现场堆肥设施。桶中的垃圾被倒在空地上，混入木屑——木屑能提供垃圾迅速分解所需的碳，并给垃圾通气。"搅拌机"混合垃圾与木屑后，接下来的十四天里，

混合物将通过指定的分隔间向前移动。当它到达最后的分隔间时，已经变成泥土状物质。该物质会被移至户外加工区，静置约一个月；过滤除去污染物后，就可以作为土壤改良剂或土壤补给剂使用了。

垃圾

商业垃圾

"商业垃圾"一般指办公室、零售店、餐馆等城市商业产生的垃圾。纽约市每天产生约一万三千吨商业垃圾。其中大多数是纸张，一般由私人运输车从商业楼运往回收商、出口商或纸厂。其余的"易腐烂垃圾"会送往目前负责处理大多数生活垃圾的运输站——主要位于新泽西、布朗克斯的亨茨波因特、布鲁克林的绿点或威廉姆斯堡、皇后区的牙买加等地。这两种垃圾都在夜晚街道最为空旷时进行收集。

除了商业垃圾外，纽约每年还有七百多万吨因建造与拆除而产生的垃圾。其中百分之三十至百分之四十为建筑垃圾（石膏板、管道等），可以处理这种垃圾的运输站大多位于纽约较偏远的区或新泽西。其余的垃圾包括沙砾、灰尘、岩石、混凝土和石子，主要由挖掘和拆迁产生，碾压磨碎后可以由公私部门在各种各样的场所用作土壤覆盖层。

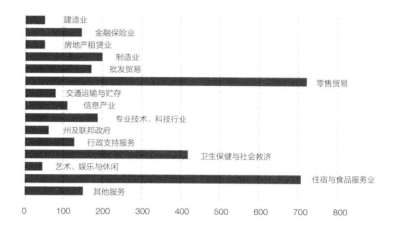

商业垃圾产生量
每日产生吨数

垃圾与犯罪集团

二十世纪中叶之前，纽约由市政府负责收集商业和生活垃圾。但一九五七年，市政府退出了商业垃圾项目，于是私人运送公司以及一些犯罪集团接手了此项目。有些私人运送商发现自己成了由犯罪集团控制的行业协会的成员，而且各企业几乎无权自主选择服务提供商：特定地区由特定运输行"拥有"，当地企业主几乎没法决定自己要为倒垃圾付多少钱。

二十世纪九十年代中期，在执法部门的不懈努力之下，纽约的垃圾垄断商遭到起诉。同时，当地新成立了一个名为垃圾贸易委员会的机构，对商业垃圾运送商进行了规范，为其发布执照，并设定了垃圾收集与处理的最高及最低费用。虽然该组织后来更名为商业信誉委员会，但它的监督角色持续至今。

罗斯福岛

纽约的垃圾收集技术含量极低，仅依靠货车、垃圾桶及大量人工，但有一处例外：罗斯福岛上的"自动真空辅助收集（AVAC）"系统。它设计的目的是处理人口密集地区的垃圾，靠的是岛上各高楼安装的垂直倾卸槽，其连接着一条二十英寸宽的地下管道。离心涡轮通过真空管，将垃圾以六十英里/时的速度拉入一个中央收集、压缩与集装箱化设施。该系统由九名卫生局雇员操作，有能力从两万人处收集垃圾，在全国十套相同系统中规模最大（迪士尼乐园也有一套）。目前其日均处理量为八吨，并另有九栋公寓大厦计划加入。

AVAC 工作流程

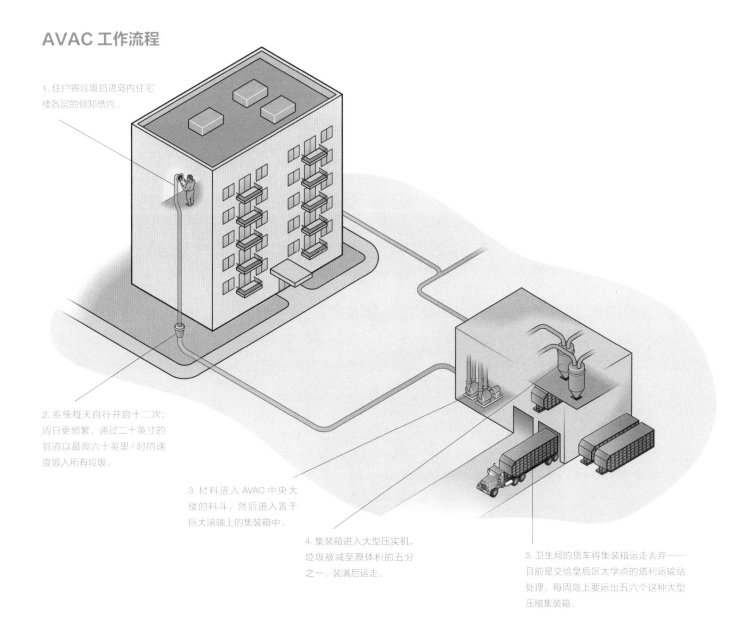

1. 住户将垃圾扔进岛内住宅楼各层的倾卸槽内。

2. 系统每天自行开启十二次；周日更频繁，通过二十英寸的管道以最高六十英里/时的速度吸入所有垃圾。

3. 材料进入 AVAC 中央大楼的料斗，然后进入置于巨大滚轴上的集装箱中。

4. 集装箱进入大型压实机，垃圾被减至原体积的五分之一。装满后运走。

5. 卫生局的货车将集装箱运走去弃——目前是交给皇后区大学点的塔利运输站处理。每周岛上要运出五六个这种大型压缩集装箱。

垃圾

街道清扫

关于街道清扫，大多数纽约人只知道为了清扫，他们不能连续好几天都把车停在路边。至于扫路机及司机为保持街道清洁做出了多少贡献，则鲜有人知。

每天卫生局要派出约三百二十五辆扫路机。虽然机器行驶缓慢，每天只能走六至二十英里，但必要时速度可以相当快：因为它们有梅赛德斯－奔驰的引擎，速度最快可达三十七英里／时。每辆扫路机能装载四点二立方米垃圾，并将其倒入垃圾车——一般一天两次，落叶季节更频繁。

成功清扫的秘诀是水：每辆扫路机都装有二百四十加仑水。途中缺水时，司机会在装有特制磁帽的指定消防栓处接水。与消防局类似，扫路机驾驶员也有可以开启指定消防栓的特制扳手。

扫路机下方

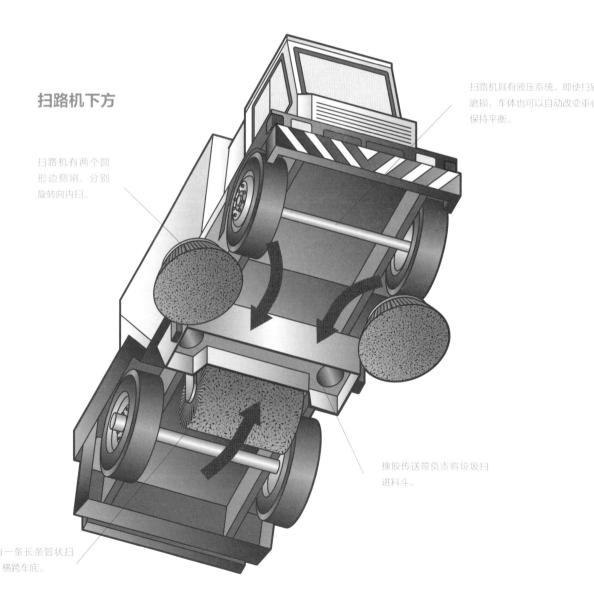

扫路机具有液压系统，即使扫刷磨损，车体也可以自动改变重心保持平衡。

扫路机有两个圆形边侧刷，分别旋转向内扫。

橡胶传送带负责将垃圾扫进料斗。

还有一条长条管状扫刷，横跨车底。

街道执勤

卫生警察是卫生局执行部门的一部分，纽约街头常常可以看到他们的白车。这个部门的责任是确保住户和商户遵守垃圾处理回收及街道清洁相关的健康与卫生法律。该部门拥有非法倾废专案组，并设立了丰厚的非法倾废举报奖金。

多干净算干净？

市长运营办公室严格按照图片上的洁净度标准来测量街道的干净程度。督察员按照干净程度一（最干净）至三（最脏）打分，一点五分以下为"洁净度合格"。评测可以在打扫街道之前或之后进行，且不必评测所有街道，只须评测样本街道，即根据统计数字和地理条件选出的各区域最具代表性的街道。评测结果将提供给商业促进区（BID）社区董事会及当地其他公众利益团体。

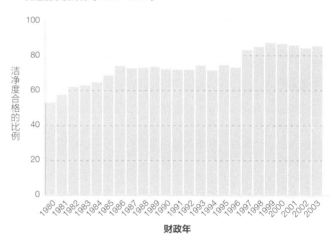

街道洁净度评分（1980 – 2003）

洁净度合格的比例 / 财政年

合格：1.0 街道洁净，无垃圾

合格：1.2 街道洁净，仅有少量垃圾

不合格：1.5 垃圾不密集

肮脏：1.8 少量垃圾聚集成堆或成片，其间有空隙

肮脏：2.0 垃圾聚集，成堆垃圾间有空隙

肮脏：3.0 垃圾大量聚集，路缘沿线与路缘上方都有垃圾

垃圾

除雪

卫生局主要将日常资源用在搬运垃圾和街道清扫上头，但它最受纽约市民喜爱的时候，却是在暴雪天气发生时。一旦有下雪迹象，卫生局就要做好准备。根据天气预报，工作人员会给部分环卫车前部装上犁形工具，后胎装上链条。一旦雪深达两英寸（因为有保护车辆不受高低不平的窨井盖与其他障碍物干扰的底座，不足两英寸时不能犁雪），这些车就开上街头。

为了应对特大暴风雪，卫生局配备了融雪车。融雪车靠柴油供热，由拖拉机头牵引，每小时融雪量可达六十吨。二十世纪九十年代末，纽约宣布禁止将含盐的雪水倾入河流，于是才有了应对这一政策的融雪车，它对交叉路口和街道的大雪堆很有效。融雪车有超大的容纳箱，可以一边融雪一边将雪水引入附近的排水道。

下雪吧……

= 十辆车

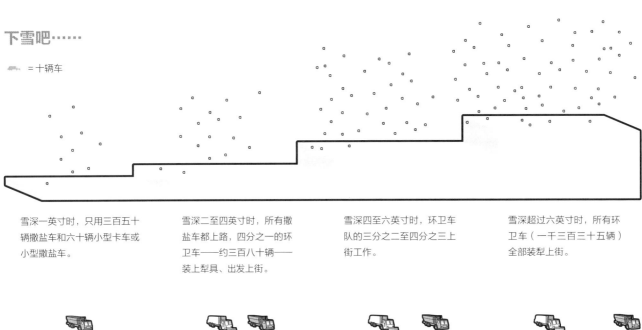

雪深一英寸时，只用三百五十辆撒盐车和六十辆小型卡车或小型撒盐车。

雪深二至四英寸时，所有撒盐车都上路，四分之一的环卫车——约三百八十辆——装上犁具、出发上街。

雪深四至六英寸时，环卫车队的三分之二至四分之三上街工作。

雪深超过六英寸时，所有环卫车（一千三百三十五辆）全部装犁上街。

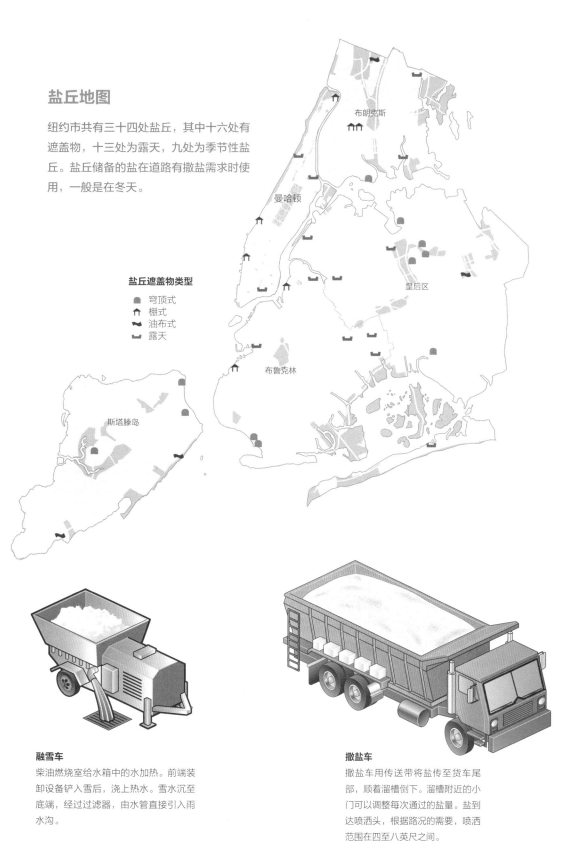

盐丘地图

纽约市共有三十四处盐丘，其中十六处有遮盖物，十三处为露天，九处为季节性盐丘。盐丘储备的盐在道路有撒盐需求时使用，一般是在冬天。

盐丘遮盖物类型

🏛 穹顶式
🏠 棚式
〰 油布式
⌐ 露天

布朗克斯

曼哈顿

皇后区

布鲁克林

斯塔滕岛

融雪车
柴油燃烧室给水箱中的水加热。前端装卸设备铲入雪后，浇上热水。雪水沉至底端，经过过滤器，由水管直接引入雨水沟。

撒盐车
撒盐车用传送带将盐传至货车尾部，顺着溜槽倒下。溜槽附近的小门可以调整每次通过的盐量。盐到达喷洒头，根据路况的需要，喷洒范围在四至八英尺之间。

第六章
未来

回顾上个世纪，纽约的各层基础设施可以说是在不同时期应对不同的市政需求而无序地发展起来的，比如十九世纪的街道和供水设施、二十世纪初期的高效运输、二十世纪中叶更快捷的贸易方式。各个体系彼此几乎完全独立，在实体建筑方面基本毫不相干。

但展望未来，在纽约及其他地区，各种基础设施都可能常常相互关联。电信线路可能通过下水管道，污水处理工厂也可能使用太阳能源，废水可能取代净水成为工业用水，垃圾也可能成为增长速度最快的铁路货运商品。纽约的一些地区，尤其是下曼哈顿和西区调车场的面貌会发生重大变化，支持这些地区的基础设施也会随之改变，如清洁能源、中水（再生水）、新的地铁线路和隧道，以及几十年来可能进行第一次扩张的城市蒸汽系统。

对一般人来说，这些变化可能很微小。第三条供水隧道将为当地供水，但它不过是加强了纽约上州集水区供水系统。新的铁路货运线路将要开通，但它只是增援而非取代既有的公路隧道，并且几乎只依靠几个世纪前建造的铁路线路。更多的隧道将被挖掘、爆破地点将更深，但它们基本只是重现了几个世纪来船只航行的海洋贸易路线。

在过去的两百年中，纽约的基础设施成功地支持了这座城市的发展。这些基础设施的持久耐用证实了一个多世纪前建造者目光的长远。他们看到了城市对地铁快轨的需求，为集装箱业务发展开发沼泽的需要，为净水资源开发上州土地的需要。这同样也是成千上万名市政工作者与企业员工的功劳，他们历经数代、日夜劳顿，才能维持纽约人期待的生活方式。

客运

展望未来，交通运输一定会更加迅捷：收费站和电子收费系统E-ZPass都将成为历史，每辆车都会内置电子识别装置；有了监控路况信息的新方式，交通预警也会更加精确及时；纽约运输部还会继续发展技术设备，缓解市内交通拥堵。

虽然交通拥堵可能是洛杉矶、达拉斯、迈阿密日常生活的焦点问题，但在纽约，人们通勤主要依靠轨道交通，其使用率超过了其他任何一种交通方式。因此，未来轨道系统的变化会给客运带来最大的正面影响。

最可能加强区域间铁路联系的有三大方案。第一，第二大道地铁将纾缓曼哈顿东区仅有的南北向线路——4、5、6号线的严重拥堵。第二，通往肯尼迪机场的待建地铁将直达机场，在曼哈顿下城区工作的长岛乘客也能大大减短上下班时间。第三，旨在增加新泽西至曼哈顿中城的直达车次的待建隧道，会优化哈德逊河西侧居民的乘车体验。

第二大道地铁

纽约交通局总部有很多尚在规划阶段的项目，但最受大众期待，或者说期待时间最久的是第二大道地铁。看一眼纽约市地铁图就明白了：多条线路从布朗克斯向南通往曼哈顿西区，但通往曼哈顿东区的仅有一条，就是以拥堵不堪而闻名的莱克星顿大道线。

早在二十世纪二十年代，第二大道地铁项目作为新市政IND系统二期工程被提上议程时，就受到了公众的大力支持。但随后大萧条导致财政紧缩，项目被搁置，二战后才重回人们视线。

二十世纪五十年代初，纽约州发行了五亿美元的债券来支持该地铁线的建设，但资金最终被用来解决更为紧迫的地铁系统老化问题。六十年代晚期，大都会运输署建立，重提修建事宜，并先后在哈莱姆与下东区进行了小规模建设，但再一次由于纽约市的财政问题未能完成。

随着近期联邦拨款的到位，项目又重获新生。现在的方案是沿着第二大道修一条从125街道至汉诺瓦广场的线路，具体的修建速度将取决于联邦拨款以外的本地资金的到位程度。

肯尼迪机场的直通铁路

近二十年时间里，大都会运输署运营的"机场线"需要人们先坐一小时A线抵达皇后区的霍华德沙滩站，再由在此等待的公交送至机场。

由于乘客非常少，一九九〇年大都会运输署取消该路线时，没有人抱怨，甚至几乎没有人注意。

二〇〇一年九月十一日以后，肯尼迪机场直通铁路的方案被重新提出，比起解决特定的交通问题，更是考虑到曼哈顿下城区地区的经济发展战略。一条直接连接机场和曼哈顿下城区的铁路不仅能让后者成为商务人士更理想的办公场所，而且还能在皇后区牙买加与长岛铁路相连，给数十万去往曼哈顿下城区的长岛乘客带来便利，他们现在只能去宾夕法尼亚车站换乘。

二〇〇四年，曼哈顿下城区开发公司、港务局、大都会运输署和纽约市政府聘请的顾问权衡了四十个备选方案，最终推荐了一条线路：将既有的机场捷运（从肯尼迪机场开往牙买加车站）沿着长岛铁路的大西洋支路延长，在布鲁克林商业区和曼哈顿下城区之间修建新的隧道。虽然隧道的预期花费十分庞大（约六十亿美元），公共评估流程繁杂，但其中一大部分开支已经在争取联邦拨款。

ARC（核心区畅行计划）

纽约与新泽西两州的交通规划人士正在筹建东西方向各一条进入曼哈顿的新客运铁路隧道。在纽约港务局和新泽西公共交通公司的监督下，两州近期对哈德逊河下方斯考克斯至宾夕法尼亚车站的新双轨隧道进行了全面研究。研究表明，修建新隧道并在宾夕法尼亚车站修建新的乘客设施，哈德逊河西的轨道负载能力

会加倍，车速也会提高，几乎所有从新泽西及纽约州奥兰治县和罗克兰县出发去往曼哈顿中城的乘客都能坐上座位。

该隧道的运行方式将和现有的宾夕法尼亚隧道类似：柴油电力机车在城郊的支线时燃烧柴油，从新隧道驶往宾夕法尼亚车站时转为使用电力。虽然新隧道的具体平面图尚未确定，但预计会修建在帕利塞兹村下方，与现有的将美铁火车带去宾夕法尼亚车站的东北走廊隧道非常靠近。

目前隧道的预估造价惊人，为三十亿至五十亿美元。

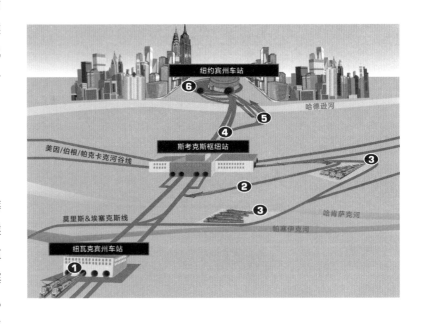

货运

从某些方面来说，货运（与客运相比）使用的技术在几个世纪内变化很少。国际贸易的大宗商品和纽约建市时一样，仍在使用船运。不过现在的船体积更大、速度更快，也更可靠，而且大部分商品都放在集装箱内，更便于岸边操作，但运输模式本质上没有改变。内陆货运的变化要大一些，货车和火车基本取代了驿站马车和运河，但整体变化速度依然缓慢，在可预见的未来很可能会大体维持现状。

但大都会区正在进行若干项目，建成后可以辅助甚至可能重塑本地的货运方式。其中两项为铁路项目——跨港隧道和斯塔滕岛铁路，旨在分担拥堵的地区公路货运，并用尚未充分利用的铁路设施拓展业务。跨港隧道比斯塔滕岛铁路项目具有更大的不确定性，造价也更高。后者的资金已经全部到位，预计在二〇〇七年建成。

第三个货运项目是巴约纳大桥。为了适应集装箱船只越来越大的体积，需要改变港口水深和桥梁净空。纽约已经投入大量资金来保证当地船运隧道的水深，但关于改善港口桥梁净空问题的重点项目——巴约纳大桥，目前还没有做出正式承诺。

跨港隧道

建立跨港货运隧道的想法并不新颖。早在二十世纪初期，规划人士就认为减少港口水路拥堵的理想方法就是在港口之下建设货运专用隧道。但随着荷兰隧道和林肯隧道的开通，货物可以通过公路隧道这种更快捷的新方式过河，建造铁路货运隧道的想法遂被搁置。

现在，货车依然是纽约地区跨越哈德逊河运货的主要工具，进入哈德逊河以东的货物经由铁路运输的不到百分之二。从西部和南部进入纽约地区的铁路货运必须经过市区以北一百四十英里的塞尔扣克交叉口，或者是使用新泽西和布鲁克林之间格林维尔车场数量有限的火车渡船。

为了减少对货车运输的依赖，增强铁路货运，联邦政府近期资助了一项研究，其主题是在布鲁克林和新泽西间建造货运铁路隧道会产生何种影响。这条隧道（将包含一或两条通道）将联系泽西市的格林维尔车场与布鲁克林的湾脊线，终点在皇后区的多运输方式联运车场，货物会在此地从铁路运输改为货车配送。这条隧道的预算很高（五十至七十亿美元），且当地社区反对强烈，故而未来若干年里，这一方案可能会一直停留在讨论阶段。

斯塔滕岛铁路

纽约即将建成一条新的货运铁路。十年前被前一任经营者废弃的斯塔滕岛铁路（其横跨亚瑟水道，连接着斯塔滕岛的工业区与新泽西铁轨系统）在港务局与纽约市政府的联手协作下获得了新生。

斯塔滕岛铁路由纽约市从 CSX 铁路手中收购，将为扩张中的豪兰胡克纽约集装箱码头、卫生部位于弗莱士河的新集装箱设施、斯塔滕岛西岸铁路特拉维斯支路的工业区提供铁路直通货运服务。重建该铁路需要修建新的轨道、更换腐坏的木制桥梁，还需要修缮当地屈指可数的水上铁路桥梁之一——亚瑟水道吊桥。这座桥被漆为深蓝色，也是斯塔滕岛铁路最初的颜色。

重启这条铁路不仅能够满足斯塔滕岛货运相关行业的需求。预期于二〇〇七年开通后，每年还能减少约十万次的岛内货车运输。

巴约纳大桥

巴约纳大桥连接巴约纳与斯塔滕岛北岸，是世界最长的钢拱大桥之一——它的中央钢拱长达一千六百七十五英尺。虽然它在一九三一年开通时即获最美钢拱大桥奖，但与本地更繁忙更出名的乔治华盛顿大桥、布鲁克林大桥、

韦拉扎诺大桥等相比，它现在颇受冷落。原因主要是地理上的，它位于大都会区的偏僻地带，每天经过的车辆仅有两万，大多数纽约人几乎感受不到它的存在。

对纽约港和新泽西的飞机与船只来说，巴约纳大桥一眼就能望见。它的中跨高度在海平面上一百五十一英尺，对于从斯塔滕岛通过范库尔水道去往纽瓦克－伊丽莎白港的大型集装箱船只而言，巴约纳大桥是航行的障碍。迄今为止，有若干船曾与大桥相撞，迫使其暂时封锁，但没有造成严重的结构损坏。

为了将未来的损失降到最低，纽约和新泽西港务局正在评估抬高大桥的可能性。最合理的方案就是保存大桥结构完整，抬高车道，给船留下更大净空。然而，该计划的预期造价可达数亿美元，受益货船的数量却相对较小，成本不大可能由向这些船收费收回。

能 源

未来几十年，发电技术相对来说几乎不会发生改变。

但是由于市内很难再建发电厂，将外地的电力传输至市内的业务可能会变得更具吸引力。同时，其他能源也会发展。随着技术的成熟和传统化石能源成本的上升，它们会变得更具竞争力。

纽约目前在议的两个项目就与可再生能源相关。一项涉及水能，这一能源对纽约州非常重要，但至今仍在纽约能源组合中缺席。另一项涉及风能，长岛南岸开阔的海岸可以用来获取风能，将相对较少的电输送至纽约州电网或某些当地设施。

第三个项目旨在解决纽约地区对天然气的需求。现有的管道常常满载运行，而一系列关于提高管道负载力的新提案正在走流程。不止一家公司提出不必修建新管道，只需要提高液化天然气的使用率，就能满足纽约地区日益增长的用气需求。目前，纽约计划在长岛海峡中部系泊一艘液化天然气运输船，如果计划成功，就将改写纽约一向不愿在近海建造基础设施的历史。

水轮机

世界第一个潮汐发力的涡轮机组可能将于纽约诞生，就在东河中央。弗吉尼亚的电力公司弗敦电力拥有的六个发电涡轮机将被装在混凝土桩上，打进水下三十英尺的基岩中。涡轮的头部面对水流，桨叶随着潮汐旋转，发电峰值可达两百千瓦，能够为约两百户家庭供电。它产生的电力一开始会被输送给罗斯福岛的两个联合爱迪生电器客户。

如果试点成功，涡轮安装的范围可能大面积扩大。到二〇一三年，纽约州用电量的四分之一将依赖可再生能源，其中不仅包括水能、风能、太阳能、地热能，也会包括潮汐能。弗敦期望在曼哈顿和罗斯福岛之间的东河中安装二百至五百个涡轮。

目前潮汐项目的运作方式类似大坝，靠以

屏障拦住潮水来发电。世界上投入使用的潮汐发电厂数目很少：二〇〇三年英格兰德文郡近海安装了第一个三百千瓦涡轮，另一个类似的涡轮被安装在了挪威的哈默菲斯特。

长岛近海风能计划

长岛有一项利用风能的雄伟计划：长岛近海风能计划。它始于长岛电力局与佛罗里达电力能源公司的能源购买协议，其内容是将四十架风力发电机部署在长岛南岸罗伯特·摩西州立公园西南一处八平方英里的区域。该项目若能推进，最早在二〇〇七年即可达到日发电量一百四十兆瓦，足以为服务区域内的四万二千户家庭供电。

风能是世界上发展最快的能源，部分是因为过去二十年中，其生产成本下跌了约百分之八十。英国和欧洲大陆目前比美国更依赖风能，不过弗吉尼亚等州自二十世纪七十年代起就已经成功使用风能；联邦政府也指出，到二〇二〇年，风能应占美国总体能源的百分之五。

成功的近海风能项目当然需要大风，也需要浅水。长岛南岸非常理想，因为那里有六英里远的浅水（适合风力涡轮机的水深最高为七十英尺），这意味着在岸上可能看不见那些最多能高出海平面两百英尺的风车。

液化天然气

本地区发电厂、家庭及商户使用的天然气几乎全部经由横贯大陆的管道从海湾地区及西加拿大进口。但是荷兰皇家壳牌与横加公司合资的布罗德沃特技术公司如果成功在长岛海峡建起浮式储油库和再气化装置，这些忙碌的管道的负担就会急剧减少。

这座船形建筑的体积接近玛丽皇后二号油轮，将接收别处运来的液化天然气——被"冻"为液体的天然气，保持在零下二百六十华氏度。在这里，液化气将被加热变回气体，抽运进从康涅狄格米尔福德至长岛北港的易洛魁管道。这座双船体的船舶兼码头可以储存约八十亿立方英尺天然气。其选址位于长岛海峡最宽处，离纽黑文和利弗黑德海岸约十英里远，水深七十至九十英尺。这里将有一条二十五英里的管线沿着海床向西，与既有的易洛魁管道汇合。

建造近海工厂的想法是新颖的，但在纽约使用液化气的想法早已存在。爱迪生联合电气和 KeySpan 都向本地用户输送液化天然气，以保证冬季寒冷时的高峰需求。气温降至十或十五华氏度以下时，工作人员会将现场储备箱中的液化气气化，输进管道系统以满足用户需求。

通 信

通信尤其是电子通信的世界发展如此迅速，我们很难预料二十年后市民和商人将以何种方式进行沟通。指出短期内可加强纽约电信设施普及性或可靠度的几个项目则相对容易一些。

一个项目是在街边柱子的顶部安装无线发射机应答器，它也是纽约市提高无线覆盖率计划的一部分。除了柱子顶部，市政府还在积极地确认其拥有或管辖的学校、办公楼、车库等地产中，有哪些是可以开放给需要扩大覆盖率的无线电公司的。

另外两个项目则均由私营企业发起。一是电力线宽带，该技术已经在本地区及其他地区的一部分公共事业部门使用了一段时间，但还没有找到大规模的商业市场。它的概念很简单，利用既有的电力线作为信息传输的渠道。但实施起来较难。

另一私营部门项目是在曼哈顿下城区的新自由塔顶端安装天线，其采用的是已经经过认可的旧技术：无线电传输。建成后，项目只需要将无线电传输活动从一地（一般是指帝国大厦）转移至另一地即可。

街边柱顶端的无线电

为了改善城市居民的手机使用体验，纽约市计划利用其管辖的街边柱提供移动电信服务。这与目前为止的手机市场不同：目前的手机市场主要依靠将传输设备安装在私人地产上，不由信息技术和电信部（DoITT）监管。

为了辅助这个过程，信息技术和电信部在二〇〇四年初发行了方案征求建议书。随后，六家公司获得特许经营权，其中一家将通过互联网提供电话服务——这将为低收入家庭提供可替代电话的低价服务。这些许可有效期长达十五年，允许公司在街灯、交通信号和公路标志支架上安装与使用电信设备。

天线的安装始于二〇〇八年。除了街边柱，信息技术和电信部还在与其他部门合作，确认其他可能成为传输点、提高蜂窝覆盖率的城市设施，如办公楼、学校、车库等。之前将手机天线安装在学校的做法遭到了社区的严重反对，最后被取消。

电力线宽带

用电力线进行通讯的概念并不新颖，公用事业公司多年来一直使用自己的电线来进行各种中继和控制活动。这种用法需要的带宽小、频率低，基本是成功的。但要用电力线进行大带宽的双向传输、向消费者提供服务，到现在也被视作不切实际。

有迹象表明这项技术将很快成熟。芯片设计和电子技术的发展改善了传输，宽带需求的猛增也创造了更大的市场。同样重要的是，电力行业放松管制，让爱迪生联合电气等公司完全走出发电行业，只留下核心的配电和传输资产。对这些公司而言，找到新收入来源，提高这些资产的价值，比以往更重要。

美国只有辛辛那提的一家公用事业公司已将电力线宽带投入商业用途。在纽约，爱迪生联合电气和安比恩特电力宽带系统正在进行试验项目：在配电系统内若干处部署了电子设备，再在电线上安一层独立的通信网络。试验目前是成功的，使得未来这项技术有可能实现商业化。

自由塔广播

自由塔建在原世贸中心旧址，高一千七百七十六英尺，是曼哈顿下城区重建工程的中心。它还将成为世界第一高楼——至少是最高的独立结构，鉴于它的广播天线将升至两千英尺高。

天线的设计可不只为打破高度纪录。它将替代世贸中心南塔的天线供纽约市各家广播公司使用。大都会电视联盟——包括城市2、4、5、7、9、11、13频道——于二〇〇三年和自由塔的开发商拉里·希尔弗斯坦签署了谅解备忘录，目的是重新安置它们暂时安放在帝国大厦楼顶的播送装置。

这份谅解备忘录意味着大都会电视联盟放弃了之前的计划——在新泽西巴约纳树立高达两百英尺的独立式广播桅杆。使用自由塔理论上可以省钱省力，但技术上依然存在不确定性，主要是由于楼顶尖塔的位置偏离了中央。有人质疑尖塔在大风天气会如何表现，该用什么材料制造才能不影响广播信号，以及发出的信号是否会被大楼的阴影阻碍。

清 洁

环保局和卫生局的基本建设预算在纽约的市政部门中算是最高的，虽然它们的建设算不上特别新颖有趣，只是替换年久失修、无法再发挥应有作用的设施。

现在，一些新颖而有挑战性的项目正处于讨论中，旨在提高城市的卫生水平。其中两项的目标是提高城市的供水管理水平。劳埃德地下蓄水层项目进行了"水银行"试验，旨在提高城市在水源短缺或干旱时的供水能力。

至于巴豆过滤工厂项目，比起其预期采用的技术，倒是项目本身的成立更受瞩目。这是纽约第一次以全国标准的过滤规定建设工厂，对本市的水进行过滤。这也标志着将工厂定址于布朗克斯范科特兰公园的艰难争论正式结束。

另一项新提议涉及城市垃圾。弗莱市河填埋场关闭后，有史以来第一次，纽约将迎来全新并且相对比较精密的垃圾处理系统。它将依托现有的海洋设施，将市政垃圾装进集装箱，把它们从环境问题转化为可运输的出口商品。

技术之一就是"ARS"——蓄水层修复系统。其理论是，在供水有余时，将纽约上州的饮用水注射进劳埃德地下蓄水层——布鲁克林和皇后区地下深处的多孔岩层。蓄水层可以用作某种地下蓄水池，将水供给比它现在服务的滨外沙坝社区多得多的用户。

地下水银行在加利福尼亚和内华达等干旱地区以及新泽西已经建造得很成功了，而新泽西和布鲁克林、皇后区的岩石结构不无相似。虽然纽约从未有过地下水银行，但工程师非常看好它的前景：劳埃德地下蓄水层的黏土顶层会保护蓄水层中的水不受陆地污染物的影响，而淡水可以抑制咸水侵入。

二〇〇五年起，ARS 会进行为期十四个月的试点测试：四个观察井将监测蓄水层的状况，注入的水会先经研究测试，再排入污水系统。

劳埃德地下蓄水层

多年来纽约环保局一直在寻找地下蓄水的方法，以减少干旱对供水的影响。最有潜力的

巴豆过滤工厂

纽约与联邦环保署和当地活动者较量了十年，最后终于即将实行在布朗克斯范科特兰公园的莫首鲁高尔夫球场下面建设水源过滤工厂

的计划。该工厂又会过滤巴豆系统提供的城市水源的一小部分（百分之十）。

在美国的大多数地方，联邦法律都要求过滤饮用水筛除杂质。由于卡茨基尔和特拉华供水系统的水质很好，纽约市一向不用遵守这一规定，但巴豆系统位于更发达、发展更迅速的城郊地区，不符合免过滤的严格标准。一九九八年，纽约被迫与联邦环保署达成同意法令，承诺过滤工厂按照某一时间表完工。自那以来，纽约已经因无法达到联邦饮用水指标被罚款四十万美元。

该工程耗资巨大，再加上当地社区和布朗克斯环境利益相关集团的坚决反对，耗资变得更加高昂。为了调解各方利益，纽约同意，除了拨款十二亿美元建造地下过滤工厂外，还将耗资二点二亿美元，用于并不相关的布朗克斯公园改造——涉及游乐场、跑道、园林、设施及海滨交通等。

垃圾装进集装箱

和全州各县市一样，纽约市按规定也需要制定处理固体垃圾的二十年规划，但它并没有。斯塔滕岛填埋地的突然关闭给纽约市留下了水运站网络与船只，但垃圾却无处可去了。自二〇〇一年以来，那些水运站只是闲置着，大多数生活垃圾都被运至较偏远的区的运输站，再由大型拖拉机车运至邻近州的填埋场。

如果纽约成功实施新的垃圾处理二十年规划，那么这一切都可能发生变化。新规划包括重启水运站，将垃圾集装箱通过驳船或铁路运至中西部和南部的填埋场。在重建的水运站打包的垃圾集装箱要么由驳船运至港口铁路设备，再由火车运至目的地，要么运至码头的普通泊位，装进远洋航行的沿海驳船。

把垃圾装进集装箱的做法并不新颖，垃圾管理公司经营的一所工厂就在布朗克斯哈莱姆河车场进行这项工作。但通过积极采用垃圾集装箱化的方法，纽约每年能减少三百万英里货车运输里程，这对环保主义者以及水运站所在社区的居民来说都是好消息。

致 谢

很多人为本书提供了切实的帮助，还有一些人令这本书如此与众不同。能和亚历山大·艾斯利及其设计团队合作绝不是侥幸，而是真正的荣耀和乐趣。过去几个月，他们的专业态度和热情无与伦比，并在本书中呈现无遗。

亚历山大的优秀员工中，最杰出的是乔治·科基尼迪斯，在经过信息图负责人爱德华·塔夫特为期一天的指导后，乔治就能将本书的各个部分概念化，且效果惊人。他充分理解我的想法，并将其转化为一百多幅独特而吸引人的对开图，同时还远程管理着制图团队，鼓舞着我们所有人。

乔治管理制图，温迪·马里奇则负责文字——两年来她提供了一流的研究支持。虽然对她来说，研究过程有时会很有趣，但这项工作绝不轻松。有人愿意合作、提供信息，或者带她去实地参观，也有人拒绝接听电话或回答问题。她的持之以恒和全心付出都得到了回报，没有她就没有这本书。

写作过程中，很多机构和个人都提供了信息。纽约市环境保护局、信息技术和电信局、卫生局、交通局、城市规划局、经济发展公司都提供了持续的支持。在此我要感谢马蒂·贝娄、麦克·贝娄、塔尼萨·卡贝、阿戈斯蒂诺·坎戈米、爱丽丝·程、汤姆·可克拉、爱德·科尔贝特、沃尔特·斯瓦塔基、洛可·迪里克、安东尼·伊特基内索、马格迪·法拉格、伦佐·法拉利、莎乐美·弗洛伊德、安德鲁·琴、道格·格里雷、罗伯特·库尔、维尼夏·蓝侬、彼得·迈克卡恩、杰夫·曼泽尔、拉尔夫·蒙德拉、迈克尔·穆奇、大卫·纳迪、亨利·佩拉西亚、吉尔·基尼奥内斯、布鲁斯·里格尔、安德鲁·萨尔金、杰克·施密特、吉里什·谢拉特、汤姆·辛普森、杰拉德·索菲安、哈里·萨旁斯基以及约翰·提帕尔多等。

给予我巨大帮助的公共机构还有纽约和新泽西港务局、纽约州运输署、美国海岸警卫队、大都会运输局、美国陆军工程兵团、美国邮政总局及军事运输司令部等。尤其要感谢鲍勃·比尔德、迈克·本德纳滋、阿姆拉·卡尔多索、杰米·科恩、道格·卡里、鲍勃·杜兰朵、马修·埃德尔曼、鲍勃·格朗兹堡、迈克尔·卡安中尉、维多利亚·克罗斯·克里、唐·罗兹、路易斯·门诺、肯·菲尔姆斯、乔·萨尔多、乔·西波德和肯·斯帕恩。

还有很多人提供了专业知识，包括福尔默公司的肯·斯汀格尔、纽约和大西洋铁路的布鲁斯·李伯尔曼、美国装卸的萨尔·卡杜奇、桑迪胡克引航协会的 W.W. 谢伍德船长、亨茨波因特集散市场的马修·德阿里格、美国广播公司的约翰·爱罗史密斯和利奇·伍尔夫、西格雷夫公司的克雷顿·普里兹拉夫、联邦快递的汤姆·皮耶斯、邓肯停车计时器的荣·弗里德曼、辛纳格罗公司的皮特·斯科奇耶罗、菲尔德设计的艾伦·内瑟斯、山姆·史沃思工程的山姆·史沃思，还有汤姆·舒尔茨、特德·欧尔科特、大卫·拉泽克、吉姆·拉尔森及纽约历史协会的员工。

我非常激的还有帮助本书从想法到成型的 ICM 的希尔沃·达·西尔瓦和斯隆·哈里斯，当然还有企鹅出版的安·格德夫。同时也感谢企鹅的员工，尤其是丽莎·当顿，他们在（我认为）创纪录的时间内将书制作完成。我最感谢的还有在厨房里耐心地观看这项马拉松工程的人们——爱好写作的女儿丽贝卡、对世间万物充满好奇的儿子内德。感谢你们好脾气地包涵我们这些整天忙碌的大人。我希望某一天你们读这本书时，能得到与我写作时同样的乐趣。

图书在版编目（CIP）数据

　纽约 ：一座超级城市是如何运转的 ／〔美〕凯特·
阿歇尔著 ；潘文捷译. —— 海口 ：南海出版公司,
2018.3
　书名原文：The Works：Anatomy of a City
　ISBN 978-7-5442-5822-7

　Ⅰ. ①纽… Ⅱ. ①凯… ②潘… Ⅲ. ①城市公用设施
－公共管理－研究－纽约 Ⅳ. ①TU998

　中国版本图书馆CIP数据核字（2017）第214003号

著作权合同登记号　图字：30-2017-119

THE WORKS:Anatomy of a City
by Kate Ascher
Copyright © Portfolio Projects, 2005
Chinese (Simplified Characters) copyright © (2018)
by Thinkingdom Media Group Ltd,
Published by arrangement with ICM Partners
through Bardon-Chinese Media Agency
ALL RIGHTS RESERVED

纽约：一座超级城市是如何运转的
〔美〕凯特·阿歇尔 著
潘文捷 译

出　　版　南海出版公司　　（0898）66568511
　　　　　海口市海秀中路51号星华大厦五楼　　邮编 570206
发　　行　新经典发行有限公司
　　　　　电话（010）68423599　　邮箱 editor@readinglife.com
经　　销　新华书店

责任编辑　翟明明
特邀编辑　李怡霏　敬雁飞
装帧设计　李照祥
内文制作　北京盛通商印快线网络科技有限公司　　田晓波

印　　刷　保定市中画美凯印刷有限公司
开　　本　889毫米×1194毫米　1/16
印　　张　14.25
字　　数　100千
版　　次　2018年3月第1版
印　　次　2018年3月第1次印刷
书　　号　ISBN 978-7-5442-5822-7
定　　价　168.00元